精准扶贫林果科技明白纸系列丛

核桃、花椒

林果科技明白纸系列丛书编委会　编

读者出版传媒股份有限公司
甘肃科学技术出版社

图书在版编目（CIP）数据

核桃、花椒 / 林果科技明白纸系列丛书编委会编
. -- 兰州 ：甘肃科学技术出版社，2018. 4
ISBN 978-7-5424-2570-6

Ⅰ. ①核… Ⅱ. ①林… Ⅲ. ①核桃－果树园艺②花椒－栽培技术 Ⅳ. ①S664.1②S573

中国版本图书馆CIP数据核字（2018）第045428号

核桃、花椒
林果科技明白纸系列丛书编委会 编

出版人 马建东
责任编辑 韩 波（0931-8774536）
封面设计 魏士杰

出 版 甘肃科学技术出版社
社 址 兰州市读者大道568号 730030
网 址 www.gskejipress.com
电 话 0931-8774536（编辑部） 0931-8773237（发行部）
京东官方旗舰店 https://mall. jd. com/index-655807.html

发 行 甘肃科学技术出版社　　印 刷 甘肃兴业印务有限公司
开 本 889mm×1194mm 1/16　　印 张 9　字 数 135千
版 次 2018年10月第1版 2018年10月第1次印刷
印 数 1~2 0000
书 号 ISBN 978-7-5424-2570-6
定 价 26.00元

本册编者：李建红　杨建雷

前 言

为贯彻习近平总书记"着力加强生态环境保护，提高生态文明水平"和"绿水青山，就是金山银山"重要指示要求，结合退耕还林、防护林建设、天然林保护、特色林果产业、自然保护区等重点工程，将做好特色林果产业，确定为生态扶贫、精准扶贫的重点工作。做好特色林果产业发展，不仅可以带动贫困群众增收，更是保护生态的有效抓手。大力整合资源、集中力量、持续推进，极大地调动了农村贫困人口的脱贫积极性，有效提升了贫困群众的脱贫能力，提高了群众的生活质量，改善了人居生态环境。

为进一步满足特色林果产业扶贫的需要，加大特色林果产业扶贫的力度，宣传特色林果品牌，推广先进实用生产技术，我们组织二十多位林果生产一线专家和技术人员，按照指导实践、通俗易懂的原则，从林果产业发展实际出发，紧紧围绕优势林果产业和特色产品，以关键技术和先进实用技术为重点，以通俗易懂的语言，图文并茂的编排和明白纸的形式，编写了一套《精准扶贫林果科技明白纸系列丛书》5册，并邀请科研院所和基层生产一线的林果专家进行了审定。

真诚希望《精准扶贫林果科技明白纸系列丛书》能够为精准扶贫、生态脱贫和特色林果产业的发展提供智力支持，能够为帮助广大果农提升生产水平和脱贫能力，早日实现脱贫致富发挥作用。希望广大林业科技工作者，继续积极推广和普及林果科技先进实用技术，真正让特色林果产业成为精准扶贫工作的抓手和生态保护的利器。

编 者

2018年1月

目　录

核　桃

花　椒

早实核桃良种“中林1号”

中林1号

1.品种来源

中国林科院林业所利用山西汾阳串子作母本，祁县涧9-7-3作父本杂交育成，1989年通过林业部鉴定。

2.品种特性

坚果圆形，果基圆，果顶扁圆，单果平均重11.36克，坚果三径（纵径×横径×侧径）：4.26厘米×3.35厘米×3.69厘米；核壳厚1.02毫米，壳面较粗糙，色较浅，缝合线两侧有较深麻点，缝合线中宽突起，顶有小尖，结合中等；易取整仁，出仁率55.1%，核仁饱满、仁色黄白、内隔膜膜质、内皱襞退化。

3.栽培习性

雌先型品种；树势较强，树姿直立，树冠椭圆形，分枝力强，侧芽形成混合芽比例90%，坐果率50%~60%，以双果、单果为主，中短果枝结果为主；适应性强，较耐瘠薄、干旱，较抗寒，坚果脂肪含量高、核仁适宜提取核桃油；抗病性差，连续结果能力强，但果个较小，要注意增强肥水管理。

早实核桃良种“香玲”

1.品种来源

山东省果树研究所杂交培育而成，亲本为上宋6号×阿克苏9号，1989年定名。

2.品种特性

坚果圆形，果基较平，果顶微尖，单果平均重12.2克；核壳厚0.9毫米，壳面刻纹壳窝少、光滑美观、缝合线窄而平、结合精密；易取整仁，出仁率65.4%，核仁饱满、仁色黄白、内隔膜膜质、内皱襞退化；坚果品质上等。

3.栽培习性

雄先型品种，树势较旺，树姿较开张，树冠半圆形，分枝力较强，枝条髓心小。混合芽近圆形，大而离生。侧生混合芽比例81.7%，雌花多双生，坐果率60%。结果早，嫁接成活率高。在陇东南麦积区3月下旬发芽，4月中旬雄花期，4月下旬雌花期，9月上旬坚果成熟。较抗旱，抗黑斑病较强，适宜在土肥水条件较好的区域栽培。

早实核桃良种“辽宁4号”

1. 品种来源

辽宁省经济林研究所以朝阳大麻核桃为母本，新疆纸皮核桃后代中早实类型为父本杂交育成，1979年通过辽宁省科技厅鉴定，1989年定名。

2. 品种特性

坚果圆形，果基圆，果顶圆并微尖，单果平均重11.2克，坚果三径（纵径×横径×侧径）：3.63厘米×3.56厘米×3.59厘米，果基圆，果顶圆并微尖，核壳厚1.1毫米，壳面刻纹壳窝少、缝合线窄而平、结合紧密；易取整仁，出仁率59.7%，核仁饱满、仁色黄白、内皱襞退化；坚果品质优，风味佳，适宜加工核桃仁销售。

3. 栽培习性

雄先型晚熟品种；树势较旺，每果枝平均坐果1.6个，多双果，坐果率75%。生长势强，树冠圆头形，丰产性强。在陇东南成县3月下旬萌芽，初花期4月中旬，果实成熟期9月中旬，11月中旬落叶；适应性强，较耐瘠薄，丰产性较强，但抗病能力差，有早衰现象。

辽宁4号

早实核桃良种“强特勒”

1.品种来源

“强特勒”是美国品种，“彼特罗”(Pedro) x UC56 - 224 的杂交代，1984 年由中国林科院林业研究所奚声珂引入中国。

2.品种特性

坚果长圆形，单果重约11克，坚果三径（纵径×横径×侧径）5.4厘米×4.0厘米×1.5厘米，壳厚1.1毫米，壳面光滑，缝合线紧密，出仁率54.0%，核仁含蛋白质18.8%，粗脂肪65.15%，核仁饱满，食味香甜、无涩味，出仁率、含油率高，属仁用及油用品种。

3.栽培习性

雄先型，树势中庸，树姿较直立，冠形紧凑；1 年生枝较短，黄绿色；雄花序多，侧芽形成混合芽比例在90%以上，成枝率强，果枝率为69. 7%，坐果率为81. 2%。“强特勒”在陇南武都4 月上旬萌芽，4 月中旬初花期，9月中旬果实成熟。适应性强，早实、丰产性能好，耐贫瘠、耐寒；物候较晚，能有效避晚霜和倒春寒的侵袭。

早实核桃良种“薄壳香”

薄壳香

1. 品种来源

北京市农林科学院林业果树研究所从新疆核桃实生后代中选育，1984年通过鉴定并定名。

2. 品种特性

坚果圆形，单果平均重10.4克，坚果三径（纵径×横径×侧径）：3.29厘米×3.24厘米×3.45厘米；核壳厚1.09毫米，壳面较光滑、有小麻点，颜色较深，缝合线窄而平、结合紧密；易取整仁，出仁率66.9%，核仁饱满、仁色黄白、味香而不涩；内隔膜膜质、内皱襞退化。

3. 栽培习性

雌雄同熟型品种；树势强，树姿较开张，分枝力中等；侧生混合芽比率70%左右，坐果率50%，适宜栽植密度5米×6米。“薄壳香”在陇东南成县4月上旬萌芽，初花期4月底，果实成熟期9月中旬，11月中旬落叶。较抗旱、抗霜冻，抗病能力较强，水肥条件差坚果会出现露仁现象。

早实核桃良种“温185”

1.品种来源

新疆林业科学院从实生后代中选育，1983年从“卡卡孜”实生子一代中选育，1989年定名，1996年通过新疆林木良种委员会审定。

2.品种特性

坚果圆形,单果重14.06克，坚果三径（纵径×横径×侧径）：4.25厘米×3.58厘米×3.71厘米，壳面光滑、刻纹浅壳窝少、缝合线平、结合中等，核壳厚1.1毫米，内皱壁退化，横膈膜膜质，易取整仁；内种皮无涩味；出仁率55.7%；核仁黄白色，充实、饱满、美观,味香而不涩；坚果光滑美观、核仁饱满，壳薄，品质上等，适宜鲜食。

3.栽培习性

雌先型品种；树势强，树冠紧凑，小枝粗壮，当年生枝呈深绿色，较粗壮、短、中果枝结果；具有二次生长枝，结果母枝平均发枝4.5个，结果枝率100%；单花率31.5%，双花率31.5%，三花率30%，四花率8%。“温185”在河西临泽县4月中旬萌芽，4月底初花，9月中旬果实成熟。适应性强，早期抗病虫害能力较强；早期丰产性极高，适宜土层深厚和有灌溉的土壤栽培。

早实核桃良种“新新2号”

1.品种来源

新疆林业科学院1979年从新疆新和县依西里克乡吾宗卡其村菜田实生后代中选择，1990年定名，2004年通过新疆林木良种委员会审定。

2.品种特性

坚果长圆形，果基圆，果顶平或稍圆，果肩微耸；单果重14.09克，坚果三径（纵径×横径×侧径）：4.14厘米×3.26厘米×3.54厘米；壳面光滑、刻纹浅壳窝少、缝合线平、结合中等，核壳厚1.26毫米，内皱壁退化，横膈膜膜质，易取整仁；内种皮无涩味；出仁率55.21%；核仁黄白色，充实、饱满、美观，味香而不涩。

3.栽培习性

雄先型品种；树势中等，适宜密植，树冠较紧凑，小枝条稍细长，当年生枝呈绿褐色，较粗壮、短、中果枝结果；具有二次生长枝；结果母枝平均发枝2个，结果枝率100%，果枝平均坐果2个；单或复芽，混合芽大而饱满，呈馒头形。“新新2号”在河西临泽县4月中旬萌芽，4月底初花，9月下旬果实成熟；适应性强，耐干旱、耐低温，抗病虫害能力强；产量较高，海拔高时坚果核仁不饱满。

早实核桃良种“新巨丰”

1. 品种来源

新疆林业科学院1983年从新疆核桃幼树“和春4号”子一代植株中选择，1989年定名，2004年通过新疆林木良种委员会审定。

2. 品种特性

超大果型；坚果椭圆形，果基、果顶渐小而圆，果尖稍凸；单果重13.7克，坚果三径（纵径×横径×侧径）：5.25厘米×3.59厘米×3.33厘米；壳面较光滑，呈黄褐色，缝合线稍凸，结合中等，壳厚1.48毫米，出仁率52%，内皱壁退化，横膈膜膜质，易取整仁；核仁充实、饱满、美观，味香而不涩。

3. 栽培习性

雄先型品种；树势强，树冠开张，小枝条稍细长，当年生枝呈绿褐色，小枝粗壮；具有二次生长枝；结果母枝平均发枝3.5个，结果枝率81%；果枝平均坐果1.5个；能耐低温，产量较高，高海拔地区种仁不饱满，粗放条件下大小年明显，适宜土层深厚和有灌溉条件的土壤栽培。

晚实核桃良种“清香”

1.品种来源

日本核桃品种，1984年由日本核桃专家水直江捐赠、引入接穗嫁接于河北农业大学，2002年通过河北省科技厅鉴定，2003年通过河北省良种审定。

2.品种特性

坚果圆形，单果重14.56克，坚果三径（纵径×横径×侧径）：4.25厘米×3.59厘米×3.71厘米，壳面光滑、刻纹壳窝少、缝合线微隆起、结合强，核壳厚1.15毫米，内皱壁退化，横膈膜膜质，易取整仁；内种皮无涩味；出仁率55.7%；核仁黄白色，充实、较饱满、美观,味香而不涩。

3.栽培习性

雄先型；树体中等大小，树姿半开张，幼树时生长旺盛，结果后树势稳定；枝条粗壮，芽体充实，结果枝率60%以上；连续结果能力强；坐果率85%以上，双果率80%以上；除果期顶花芽结果，进入盛果期后侧花芽结果。“清香”在陇东南清水县萌芽期4月中旬，初花期4月下旬果实成熟期9月中旬。适应性强，较耐瘠薄、较抗病，丰产性较强；物候期较晚。

晚实核桃良种“晋龙1号”

1. 品种来源

山西省林业科学研究所从汾阳晚实实生核桃群体中选育，1978年定为优树，1990年通过山西省科委鉴定并定名，1991年列为全国推广品种。

2. 品种特性

坚果圆形，单果平均重13.10克，坚果三径（纵径×横径×侧径）：3.97厘米×3.43厘米×3.65厘米；核壳厚1.30毫米，壳面刻纹少、缝合线周围壳窝多、缝合线微凸起、结合紧密；易取整仁，出仁率57.8%，核仁饱满、仁色浅黄、内隔膜膜质、内皱襞退化。

3. 栽培习性

雄先型品种；树势强，树姿较开张，分枝能力枝强，枝条粗壮，果枝率44.5%，果枝平均坐果1.7个。“晋龙1号”在陇东南清水县萌芽期3月下旬，初花期4月中旬，果实成熟期9月中旬。适应性强，较耐瘠薄，较抗病；坚果个大，风味佳，适宜带壳（坚果）销售；进入结果期较晚，早期产量低。

晚实核桃良种“晋龙2号”

1.品种来源

山西省林业科学研究所从汾阳晚实实生核桃群体中选育，1990年通过山西省科委鉴定并定名，1991年列为全国推广品种。

2.品种特性

坚果近圆形，单果平均重14.25克，坚果三径（纵径×横径×侧径）：3.67厘米×3.87厘米×3.68厘米；核壳厚1.25毫米，壳面刻纹多壳窝少、缝合线隆起、结合紧密；易取整仁，出仁率54.6%，核仁饱满、仁色浅黄、内隔膜膜质、内皱襞退化。

3.栽培习性

雄先型实品种，幼树树势较旺，结果后逐渐开张，树冠较大，分枝力中等；幼树树势较旺，结果后逐渐开张，嫁接后第三年开始开花，坐果率65%。“晋龙2号”在陇东南清水县萌芽期3月下旬，初花期4月中旬，果实成熟期9月中旬。适应性强，抗旱、抗晚霜能力强，抗黑斑病和腐烂病的能力较强；进入初果期较晚，早期产量较低。适宜生态经济型基地建设。

砧木苗培育技术

1.种子选择与处理

选择充分成熟、饱满、均匀、无病虫、无霉烂的当年种子播种；秋季播种的种子用杀菌杀虫剂处理后直接播种，春季播种的种子必须经过低温沙藏或干藏。翌年春季当50%种子裂口长出新根时可直接播种，春播前采用冷水浸种、温水浸种或开水烫种等方法进行催芽至种子缝合线开裂。

2.播种方法

秋播在核桃采收后到土壤冻结前进行，春播在土壤解冻后进行。采用宽窄行开沟点播，宽行60厘米，窄行40厘米，株距10~15厘米，开沟深度8~10厘米。土壤湿度适宜时旋耕耙细后播种，种子平放，缝合线与地面垂直，种尖指向与地面平行。覆土厚度6~8厘米，覆盖地膜，增温保墒。播种量为每亩100~125千克，产核桃苗6000~7000株。

3.苗期管理

（1）中耕除草。小苗顶出时撤除地膜，及时中耕除草，做到表土疏松无杂草。

（2）施肥灌水。干旱时及时灌水；6月份结合灌溉每亩施尿素1~15千克，7月份追施磷酸二氢钾8~10千克。

（3）病虫害防治。病害主要有黑斑病、白粉病、根腐病等，发病期喷施70%甲基托布津1000倍液或40%多菌灵800倍液。害虫主要有刺蛾、金龟子、木橑尺蠖等，喷施50%毒死蜱1500倍液或10%氯氰菊酯1500倍液~2000倍液防治。

嫁接苗培育技术

1. 砧木选择与处理

砧木选用1~2年生实生苗。春季3月上旬萌芽前距地面3厘米处平茬。待新梢5厘米长时留1条健壮新梢，其余抹除；5月中旬喷1次0.3%~0.5%磷酸二氢钾或尿素；砧木长至30厘米时摘心，促进基部增粗；当新梢基部粗度0.8厘米以上时即可进行芽接。

2. 嫁接方法

方块芽接。

3. 接穗采集与贮藏

选择当年萌发的无病虫害、半木质化、粗度0.8厘米以上生长健壮的优良品种枝条为接穗；采穗前5~7天进行摘心，促其中上部3~4芽成熟，采穗时留基部2~3芽剪截；剪下接穗后立即剪去复叶，只留2厘米长的叶柄，每30或50根扎成1捆。

接穗以随采随接最佳，采集接穗存放在阴凉潮湿处洒水保湿，贮藏时间不宜超过3天；嫁接时把接穗插入3~5厘米深的水中随接随取；接穗要求皮色青绿，剥开皮有黏液，取下芽片背面白嫩的护芽肉保持完好，叶柄鲜绿，有光泽。

4. 嫁接时期

芽接从5月中旬开始至8月下旬均可进行，以5月下旬至6月中旬砧木和接穗均处于半木质化时嫁接最佳。嫁接时应选择晴天，气温25℃~30℃时，接口愈合快。

定植建园技术

1.整地

（1）整地时间。栽植前一年秋末冬初整地，秋栽时于栽植前一个月整地。

（2）整地方式。平地栽植挖树穴，规格1平方米见方；缓坡地栽植，沿等高线挖树穴，栽植后逐步整修成梯田，土层厚度1米以上。

(3) 施基肥。每穴施用腐熟厩肥25~30千克，与表土混匀回填入穴内，待填至低于地表20厘米，灌透水沉实，覆表土保墒。

2.良种壮苗

（1）品种选择。经省级以上木林良种审定或鉴定的当地品种或在当地表现良好的引进良种。

（2）苗木要求。2年生嫁接苗，苗高60~100厘米以上，主根长25厘米，芽体饱满、无风干、无机械损伤。

3.栽植密度与方式

根据栽植地实际，采用3米×5米或4米×5米或5米×6米的株行距栽。

4.授粉树配置

授粉树选择与主栽品种花期同期、花粉量大的品种，主栽品种与授粉品种按(6~8)：1比例呈带状或交叉状配置。

5.栽植技术

（1）栽植时间。秋季栽植自落叶至土壤封冻前，春栽自土壤解冻后至苗木发芽

良种品种及授粉树品种选择分类表

主栽品种	授粉品种
香玲、晋龙1号、晋龙2号	温185、鲁光
鲁光、中林3号、中林5号	薄壳香
薄壳香、辽宁1号、新新2号	温185
中林1号	辽宁1号、辽宁4号

前。

（2）栽植要求。“四大一膜” 定植建园技术：挖1米见方大坑、施80千克有机肥、栽1株一级苗、浇1担水、铺一块80~120厘米地膜，可保证树相整齐、早期丰产、后期可持续发展。

6. 栽后管理

（1）截干。栽植后按整形要求及时定干，剪口距上芽3厘米，生长较弱或苗高达不到定干高度的幼树，栽后在嫁接部位以上10~20厘米处，选1~2个饱满芽剪截，抹除砧木上全部萌芽，促使剪口下芽萌发旺长；待剪口下新梢长20厘米时，选健壮新梢保留，其余新梢和芽全部抹除，防止隐芽萌发；选留新梢任其生长，以备翌年定干。

（2）抹芽。发芽后及时抹除定干高度以下侧芽和砧木萌芽。

（3）摘除花果。栽后2年内摘除雌花、雄花和幼果。

（4）成活率调查和补植。秋季成活率调查，对未成活幼树用同品种1~2年生大苗补植。

“四大一膜”定植建园

核桃间作技术

果瓜间作

间作油菜花

1. 间作期

定植后至园地郁闭前核桃基地可适当间带状间作，间作物距树干1米以上；以利通风透光。

2. 间作物选择

（1）选择50厘米以下的低杆、矮冠、浅根性、无攀缘习性的作物，避免与核桃争肥、争水、争光。

（2）生长期较短、收获期早且与核桃树无共同病虫害。

（3）具有较高经济效益，便于生产与销售。

3. 间作物种类

间作物包括各种豆类、马铃薯等的果粮间作，西瓜、南瓜等的果瓜间作，辣椒、甘蓝等的果菜间作，柴胡、丹参等的果药间作以及肥源不足时隔年间种毛苕子、豌豆等绿肥作物的果肥间作。

4. 间作方式

（1）水平间作。间作物种类与核桃树生长特点相近，一般为隔行间种。

（2）立体间作。间作物株型均矮小，充分利用核桃树下层空间，一般种在核桃树行间或树下。

5. 间作原则

间作时留出树盘，树盘直径1~1.2米，随着树盘扩大，逐渐减少间作面积；对间作与未间作之间空带进行中耕及肥水管理。

核桃高接换优之枝接技术

1.砧木选择与处理

选择生长健壮、具有明显主干或主枝、无病虫害、5~8年生低产树作砧木，嫁接部位粗度以5~7厘米为宜。

2.接穗采集与贮藏

（1）采集接穗：萌芽前20天采集粗度1.2~2厘米、髓心小、芽饱满1年生发育枝做接穗。接穗剪下后剔除过粗枝、纯雄花芽枝和病虫枝，剪成长15~20厘米、上端留有2~3个饱满芽的枝段及时在100℃~110℃蜡液中速蘸封严。

高接换优基地

（2）贮藏接穗：蜡封接穗冷却后分品种存放，接穗最适贮藏温度0℃~5℃，不能超过8℃，相对湿度80%以上。嫁接前2~3天常温催醒，促其萌动离皮，谨防接穗失水、霉烂和萌芽。

3.嫁接工具与包扎材料

（1）嫁接工具：嫁接刀、修枝剪、手锯、油石和细磨石等。

（2）包扎材料：乙烯绳（带）、地膜条(宽度7厘米左右)等。

4.嫁接程序

（1）嫁接方法：插皮舌接法。

（2）削接穗：接穗下端削成6~8厘米长薄舌状马耳形平滑削面。刀口向下切凹超过髓心，然后斜削，保证整个斜面较薄。

（3）砧木接头处理：改接树干（枝）平直光滑处锯断，削平断面。接口处横削2~3厘米宽的月牙状切口，切口下部由下至上削去表皮，留2~3毫米厚内皮层，削面略长于接穗削面。

（4）插接穗：捏开接穗前端皮层，将

成活状

嫩枝插皮接成活状

接穗木质部插入砧木木质部与皮层之间，露白0.5~1厘米，使接穗皮层敷贴在砧木皮层创口上；接口直径小于3厘米时插1根接穗；4~6厘米插2根；7厘米以上插3根。

（5）绑扎：用包扎带绑紧扎牢。若接穗顶端髓心无蜡封，用6~8厘米宽地膜条缠严。

（6）缠膜：接后15~20天萌芽，为防止砧木和接穗创口处水分蒸发，用地膜自下而上缠严创口。

（7）放水：树干基部距地面20厘米处或分枝基部螺旋状交错斜锯2~3个放水口，深达木质部，使伤流液流出。锯口深度为树干直径1/5~1/4，切忌只锯破树皮。

5. 接后管理

（1）抹芽：接后15天后砧木上潜伏芽大量萌发，此时如果接穗开始萌发，按不同方位选留2~3芽做预备芽，其余多次彻底抹除。接穗长至10厘米以上时将预备芽全部抹除，如接穗未萌芽或“假活”后萎蔫，则培育预备芽，以备夏天补接。

（2）绑防风柱：新梢长至30厘米时在砧木上绑缚扶杆，接口以上留长1~1.5米，随着新梢生长绑缚2~3次。

（3）防治虫害：接穗萌芽易遭受跳甲、尺蠖等害虫啃食及喜鹊等啄食，采用物理及化学方法防治。

核桃高接换优之芽接技术

1. 砧木选择与处理

芽接砧木选择3~5年幼树。春季萌发前采用落头、短截促其萌发当年旺枝。未形成树冠的树在0.8~1米处留1芽短截，已形成树冠的树根据骨架预留3~5枝为嫁接主枝，留枝长度10~20厘米，其余从基部去除。新萌芽长至5厘米时每枝留1~2个强旺新梢，其余全部抹除。

2. 接穗采集与贮藏

（1）接穗采集：芽接接穗随采随接。选择树冠外围芽饱满，粗度1厘米以上、当年生半木质化枝条。接穗剪去复叶，留2厘米长叶柄。每50根1捆，挂好品种标签，湿麻袋或湿布包装运输。

（2）接穗贮藏：接穗应放在阴凉潮湿处，接穗要求皮色青绿，已木质化，剥开皮有黏液，取下芽片背面护芽肉保持完好，叶柄鲜绿，有光泽。贮藏期不宜超过3天。

3. 嫁接工具和包扎材料

（1）嫁接工具：嫁接刀、修枝剪。

（2）包扎材料：专用接膜。

4. 嫁接程序

（1）嫁接方法：方块芽接法。

（2）砧木处理：嫁接部位上方留2~3片复叶剪砧，接口以下复叶全部去除。

（3）取芽片：将叶柄贴接芽基部削去，接芽上方1厘米处和叶柄基部下方1

方块形芽接

芽接成活状

高位芽接

厘米处各横切1刀，芽左右两侧各竖切1刀，与上下横切口相连，形成长方形芽片。捏住叶柄基部逐渐用力横向推动将保全生长点的芽片取下，芽片长3厘米左右，宽0.8~1.2厘米。

（4）切砧木：砧木半木质化新梢光滑处横切1刀做上切口，从上切口左端起向下竖划一刀作为左切口，刀口相交处挑起皮层，向右下方撕皮，宽度比芽片略宽露白，高度比芽片略短，截取嵌芽部分。

（5）嵌接芽：芽片上端与上切口对齐，沿芽片下端横切1刀做下切口，上下横切口左边纵切1刀呈“匚”形。下切口右下角处撕去2~3毫米宽、2~3厘米长窄条树皮做放水口。剥开砧木皮层将芽片由左向右嵌入切口，使上、下、左方向紧密相贴，按芽片宽度撕去多余砧皮。

（6）绑扎：用拇指按平芽片，用3~5厘米宽薄膜条自下而上包严绑紧，仅留芽眼外露,接口用报纸卷桶保护。

5.接后管理

（1）放风：20~25天接穗萌发，新梢长至纸筒顶部时打开小口，长至5厘米时全部打开。

（2）除萌：接穗萌发后抹除砧木萌芽。接穗未萌芽可选择发育健壮、着生部位适宜1~2个萌芽砧枝加以保留，便于补接。

（3）剪砧：接芽萌发后在接芽上方2~3厘米处剪砧。

（4）绑防风柱：新梢长至30厘米时在砧木上绑缚扶杆，接口以上留长1~1.5米,随着新梢生长绑缚2~3次。

方块形芽接——取接芽

方块形芽接——镶接芽

方块形芽接——绑缚

核桃疏雄疏果技术

1.疏雄

核桃疏除雄花芽，可以减少对树体养分水分的消耗，是一项逆向灌水和施肥的措施。相比施肥、除草、松土等措施，具有简单、效率高、绿色环保等特点，可以达到增产增收的目的。

（1）疏雄时间。3月下旬至4月上旬，核桃雄花芽膨大时去雄效果最佳。

（2）疏雄方法。用手掰除或用木钩钩除雄花序。

（3）疏雄量。疏除全树雄花序的90%~95%为宜。

2.疏果

早实核桃品种常由于结果多，导致坚果变小，核壳发育不良，种仁不饱满，结果枝细弱甚至干枯死亡。为保证树体健壮，高产稳产，延长结果寿命，维持树体的合理负载量，疏除过多的果实。

疏果一般在生理落果以后（盛花后20~30天）进行，此时幼果直径约1~1.5厘米。疏除量根据栽培条件和树势发育情况确定。

疏雄

核桃人工授粉技术

核桃人工授粉技术通常是在配置授粉树不当或初结果树花期遭遇低温、降雨、大风、霜冻等不良天气时使用，人工辅助授粉可显著提高坐果率。

人工授粉需要提前采集花粉，在节气较早的地区采集核桃花粉，在雄花盛开初期（基部小花已开始散粉，花序由绿变黄）将雄花序采集下来，在室内或无太阳直射干燥的地方，将采集的雄花序摊放在白纸上，阴干后抖出花粉，收集的花粉置于2℃~5℃低温条件下备用。

授粉方法。雌花大部分柱头张开呈倒八字型，柱头羽状突起分泌大呈粉液时，用4层纱布做成花粉袋，将采集到的雄花粉装入袋中，扎紧袋口，系大长竹杆、木杆上，在树冠上方轻轻震动抖撒授粉效果最好；此时期一般只有2~3天，要抓紧时间授粉，如果柱头反转或柱头干缩变色，授粉效果会显著降低。有时因天气状况不良，同株树上的雌花期可相差7~14天，为了提高坐果率，有条件时可进行两次授粉。

花粉

采集花粉

可授粉雌花

晚实核桃早果技术

晚实核桃幼树生长较旺，进入结果期较晚，采用适宜技术措施达到早果丰产的目标。

1. 拉枝技术

拉枝能够缓和树势，使树体通风透光，促发中短果枝，利于花芽形成。骨干枝的分支角度应在85° 左右。主枝开张角度应从幼树开始，拉枝时要注意不要拉成弓弯和下垂。

2. 缓放技术

对长枝缓放，并对部分两侧及背上芽进行刻芽，能明显提高萌芽率和成枝力，对增加前期枝量和花量效果明显。

3. 药剂调控技术

4年生以上核桃树主干粗度在5厘米以上时，在发芽前可以土施多效唑，使用量为每厘米干径1.5~2.0克，可防止徒长，促发短枝，促进花芽形成。也可从7月下旬开始，叶面喷0.3%施磷酸二氢钾和200倍~300倍15%多效唑或PBO等生长抑制剂2~3次。

4. 肥水调控技术

3年生幼树应该开始控肥控水，特别是控制氮肥的施入量，可适当增加磷钾肥的施入量。此外，还应适当调控水分供给，如新梢速长期控制水分供给，防止旺长。

拉枝形成结果小枝

未拉枝效果

核桃水分管理

核桃树枝条速长期缺水会使新梢生长受阻减慢，甚至提前停止生长；幼果发育期缺水会影响果实彭大，坚果明显变小；种仁发育期缺水会降低种仁的饱满程度。甘肃各核桃产区经常出现春旱，五六月常常干旱少雨，此期间正值核桃树的迅速生长期和果实发育期，需要大量水分，应通过灌水加以补充。

依据核桃树生长发育需要，第一次灌水时期是萌芽前期水，此时核桃物候期变化急剧而短促，近一个月时间内将完成萌芽、抽枝、展叶、开花等过程；第二次灌水时期是果实膨大期，幼果迅速彭大，体积增长量占全年的80%以上，新梢迅速生长，占全年生长量的90%以上，雌花分化的生理分化到形态分化均在此时期进行；第三次灌水是秋季施肥和冬前水，结合施肥灌水，不仅利于土壤墒情，也有利于施入有机肥的分解利用，增加树体越冬贮藏物质的积累，提高树体的越冬抗冻能力。

水分管理

核桃施肥技术

核桃可以采用叶片分析和土壤分析来诊断核桃养分状况，科学施肥。

1.施肥标准

不同树龄核桃树年施肥标准见下表。

2.施肥类型、方法与时期

（1）基肥

以迟效性有机肥为主。

施肥方法：沟施或环状施肥，施肥沟

时期	树龄	株平均施肥量（克）			有机肥（千克）
		尿素	磷酸二铵	氯化钾	
幼树	1~3	94	38	33	5
	4~6	188	76	66	5
初果期树	7~10	376	195	165	10
	11~15	752	380	330	20
盛果期树	16~20	1128	760	660	30
	21~30	1504	1140	990	40

深60厘米，宽度40~60厘米，环状沟深30~40厘米，宽40~50厘米。

施肥时期：以果实采收后至落叶前，越早越好。

3.追肥

结果前幼树每年施肥2次；结果树每年追肥3次。

第一次追肥：萌芽前，占全年总量30%~40%，以速效氮肥和磷肥为主，氮磷比例1：0.6。

第二次追肥：开花后，占总量30%~40%，氮、磷、钾肥比例1：0.6：0.9。

第三次施肥：硬核后期，施肥量占总量20%~30%，氮、磷、钾肥比例1：0.6：0.9。

施肥方法：穴状施肥，根据树冠大小每株4~15个穴，穴深25~30厘米。

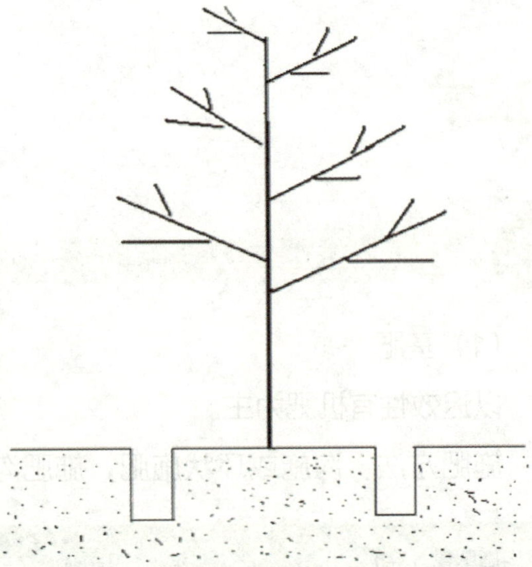

沟状施肥

行状施肥

4. 叶面喷肥

（1）种类和浓度：尿素0.3%~0.5%、磷酸二氢钾0.3%~0.5%、氯化钙或硝酸钙0.5%~1.0%、硫酸锰0.1%、硫酸亚铁0.75%~1.0%、硫酸锌浓度则为萌芽前5%，萌芽后3%。

（2）时期：尿素主要在生长季节前期，可以结合喷药施用。磷酸二氢钾整个生长季均可喷用。钙肥主要在坚果壳形成期。此外，还可根据树体营养状况喷施铁、锌、硼、锰等肥。

环状施肥

环沟状施肥图

早实核桃树形和修剪

早实核桃侧芽萌芽率高，侧花芽结果能力强，但成枝率低，整形修剪时常采用无主干的自然开心形和自然纺锤形。

1. 定干

定干高度0.8~1.2米。

2. 整形修剪

自然开心形：主干不同方位选留3~5个主枝，每个主枝上配置4~5个侧枝，树体成形后，骨干枝开张角度65度~70度，树高3.5~4米。

自由纺锤形：有明显的中心干，主干上选留7~9个骨干枝螺旋状配置。整形完成后，骨干枝的开张角度为85度，其他枝条90度，树高4.5米左右。

3. 丰产修剪

已挂果树推广“长放”修剪技术:夏剪时去除密、病、虫、弱、短枝，对抽生的

自然开心形

二次枝条选留3~4个芽摘心，剪口芽留外芽，中心干除外；第2年秋剪时枝条留40厘米短截；第3年冬剪时对主枝采取“截一”（短截的长度在10厘米左右）“留一”（长放不动，一般选留整枝芽体饱满、成熟的枝条），疏除过密枝、遮光枝、病弱枝等枝条；其中短截的枝条要错落分开，使结果枝分布合理，光路畅通，有形不乱。第3年后随着树体增大，可以在树冠上部适当选留一枝组（1个结果枝及1个营养枝），夏季树体疏枝部位萌生的徒长枝要及时除萌，位置合适的枝条可培养成临时结果枝组，对短截后抽生的多个枝条，选留1个位置适合、长势好的枝条加以培养，其他枝条疏除。注意控制二次枝的后期生长量，长度超过3米时可摘心处理。秋剪对当年结果枝组进行短截作为翌年的营养枝。对前年长放的枝条保持不动，作为翌年的结果枝组。丰产修剪目的是当年的结果枝翌年要作为营养枝进行培养，枝枝轮换培养，使得年年有结果枝条，确保产量。

自由纺锤形

晚实核桃树形和修剪

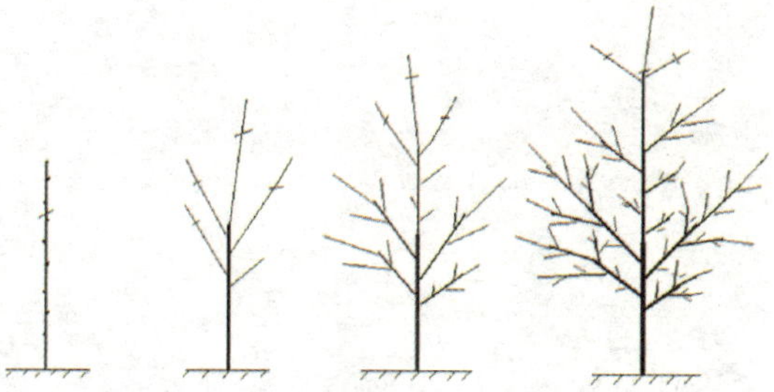

疏散分层形

疏散分层形

晚实核桃品种侧芽萌芽率低，侧花芽结果能力差，但成枝率高，常采用主干疏散分层形或自然园头形。

1. 定干

晚实品种定干高度1~1.5米。

2. 整形修剪

主干疏散分层树形。主干上选留5~7个主枝，分2~3层配置，层间距1.2~1.5米，每个主枝上均匀配置3~4个侧枝。整形完成后，骨干枝的开张角度为70度~75度，树高4.5米左右。

培育结果枝组。晚实核桃顶端优势明显，成枝力较低，多在枝条顶端形成混合芽，进入初果期后开始出现侧生结果枝。因此前期修剪时应实行主侧枝延长枝缓放，不进行短截。同时注意夏剪，促进分枝，控制枝势，有利于多成结果枝条和枝组。

剪除背下枝。为保证主、侧枝原枝头的正常生长和促进其他枝条的发育，避免养分大量消耗，在背下枝抽生的初期，即可从基部剪除。

管控非目的性枝条。注意非目的性枝条对树形成的干扰及时剪除主干、主枝、侧枝上的萌蘖枝、密生枝、重叠枝、细弱枝、病虫枝等。

3. 丰产修剪

初挂果树或高接后第2~3年刚进入结果期树，除疏除、改造直立向上的徒长枝条外，要少进行短截，采取拉大角度进行缓放技术措施，同时通过夏季摘心、拿、拉、换头等控制强枝向缓势发展，修剪时以弱枝带头，促进成花。对辅养枝、旺枝可实施环割、摘心等技术措施促进成花。

越冬防寒技术

当年定植幼树埋土越冬

涂白防冻

1.越冬

陇中当年定植、河西1~3龄核桃幼树需要埋土越冬，陇东、陇东南无霜期较短的地区（170天以下），越冬后有抽条现象，需要越冬保护。提高幼树越冬主要栽培技术包括建园选择适宜品种和抗寒栽培技术。

2.抗寒栽培技术

（1）肥水“前促后控”技术。春夏5~7月生长季多施氮肥、保证水分供应，满足生长要求，8月多施磷钾肥，秋季控肥控水，控制秋梢旺长，促进枝条充实，减少“抽条”的发生。

（2）冬季埋土技术。河西产区10月中旬灌足冬水后，待土壤湿度适中（手握成团，落地即散）时，轻轻压倒幼树后埋土，埋土厚度20厘米以上，上下拍实，严防漏风，翌年土壤解冻后及时出土。

（3）越冬保护。陇东、陇东南产区定植当年幼树土壤封冻前用双层报纸严密包扎，既可减少核桃枝条水分的损失又可保暖；也可通过树体喷聚乙烯醇、树干涂白、树干绑秸秆、在树干颈根部培土、树盘覆膜等方法，改善树体周围和根际小气候，促进根系活动，避免“抽条”发生。

定植两年幼树埋土越冬

晚霜冻预防技术

早春寒危害

1.晚霜冻

晚霜冻又称春霜冻，是指萌芽后遇到晚霜所遭受的冻害。在展叶至开花期间，气温降至0℃~2℃，花芽、花、幼果受到冻害，低于-2℃花芽、花及新梢会严重冻害，有时皮层变黑，流水干枯死亡；由于霜冻是冷空气集聚结果，一般低洼地受灾最重。

2.预防措施

（1）加强监测预报，因地制宜采取措施联防联治。

（2）加强冬季防寒管理。采用涂聚乙烯醇、树干涂白、埋土防寒等措施，增强树体抗寒能力。

（3）熏烟防霜冻。霜冻来临前在核桃地风口堆放并点燃秸秆等熏烟材料，形成厚3~5米烟雾，持续3~5小时，可有效防止霜害。可在熏烟材料中加入废柴油等发烟材料增加烟量，提高防霜效果。此外，防霜机、烟雾发生器、发烟袋等均通过熏烟防治晚霜危害。

（4）喷水灌水防冻。当树体温度降到

接近受害温度时开始喷洒水，水凝结成冰时可释放大量潜热，减轻受害程度。在预报有霜冻出现的前1天傍晚田间灌水，增大近地层空气湿度，也可延缓温度降低。

3. 灾后补救措施

（1）人工抖雪减轻冻害。遇到冰雪天气时及时到园地抖动枝条，不让雪在枝条上积存，减轻冰冻危害。

（2）加强管护,恢复树势。受冻后尽早浇水施肥，及时喷施丙酸钙等高营养叶面肥，促进恢复树势、隐芽生长和新梢生长。

（3）人工授粉。通常春季晚霜危害雄花较重，雄花受冻后造成雌花无法授粉，因此采取人工授粉促进二次坐果是最有效的补救措施。

（4）防霜实例。清水县自制防霜窑、红古区自垒防霜灶和防霜机配套使用降低晚霜危害。防霜窑是在山坡地地埂挖小型窑洞，平时填充干草或枯枝备用，霜冻来临时点燃窑内枯枝干草，产生烟雾的同时释放大量热量而减缓危害。自制防霜窑简单实用，成本低，易操作，效果明显。放霜机是农业专用防霜机器，由发动机、基杆和风轮组成，当霜冻来临时，发动机工作产生风力，扰乱冷空气的方向，减缓冷空气下沉速度。防霜窑和放霜机联合使用减缓霜冻危害效果显著。根据测定，防霜窑和放霜机联合使用对平地核桃基地霜冻危害防御效果最好、中坡核桃基地防御效果次之、上坡防御效果最差，其变幅在2℃以内。

防霜机应用

防霜灶

核桃病虫害绿色防控

核桃病虫害绿色防控是以农业、生物、物理机械方法为主的病虫害综合防治技术，控制园地化学用药量和用药次数。

1.频振式杀虫灯

频振式杀虫灯是利用害虫较强的趋光、趋波、趋色、趋性信息等特性，诱杀害虫的物理防治方法。每台控制距离100米，防治面积30亩。

2.糖醋液

悬挂糖醋液盆诱杀是利用昆虫喜糖醋习性对其进行诱杀。糖：醋：水：酒比例为3：4：2：1，呈梅花状挂在园内距地面1.5~2米高树杈上，每亩挂5~6个。

糖醋液诱杀害虫

3.黄色黏虫板

悬挂黄色黏虫板可诱杀蚜虫、潜叶蛾、扁叶甲等多种害虫成虫，每亩悬挂15~20块，板面朝东西向。

4.诱虫带黏虫胶

树干包裹诱虫带、黏虫胶可诱捕树干

诱虫灯

粘虫板诱杀害虫

粘虫液诱杀害虫

翘皮下越冬的蚧壳虫、卷叶蛾等多种害虫。每年8~9月害虫越冬之前将诱虫带粘接固定在树干第一分枝下5~10厘米处，解除后集中烧毁或深埋。

5. 剪锯口腐烂病防治

修剪过程中形成的剪锯口是腐烂病等多种病原菌侵入的重点部位，对剪锯口及腐烂病防治，一是保持健壮树体，控制产量，稳定树势；二是修剪改形后及时对剪锯口涂抹伤口愈合剂促使其愈合，避免病菌入侵引起腐烂病发生；三是对已经发生腐烂病的树体采用刮涂疗法，刮净病灶部位树皮后涂愈合剂。

核桃果实采收及采后处理

1.采收期

核桃采收过早种仁不饱满,含油量和脂肪含量降低，采收过晚会霉变、大量落果，种仁颜色变深，品质下降。核桃成熟标志是青皮由深绿色、绿色逐渐变为黄绿色或浅黄色，容易剥离，80%果实青皮顶端出现裂缝，10%~20%青皮开裂时为最佳采收期。

2.采收方法

采用人工手摘或高枝剪采收，也可用带铁钩的竹竿等长木棒钩取。采果时尽量减少机械损伤，避免伤枝伤芽。采收顺序应由下而上，由外而内顺枝进行。果实采摘放置在阴凉通风处。

3.脱青皮

（1）人工脱青皮。果实采收后，在0.3%~0.5%乙烯利溶液中浸蘸约半分钟，整齐堆放在阴凉通风处，厚度50~150厘米，防雨淋，2~3天后青皮离壳时人工脱皮或机械脱皮。

（2）机械脱青皮。采用转筛式脱皮机、滚筒式脱皮机等脱皮机械进行脱青皮。根据核桃处理需求选择不同规格和类型机械，严格控制机械处理速度和单次处理量，及时清理处理后的核桃青皮。核桃坚果破损率应低于5 %。

4.清洗

（1）人工清洗。将坚果装筐，放入水池中或流动水中搅洗，及时除去残留在果面上的维管束、烂皮、泥土等杂物。切忌泡洗时间过长，避免果内进水。不可使用任何化学药剂。

（2）机械清洗。脱去青皮的坚果放入清洗机中，用清水冲洗坚果表面，利用滚动轴和毛刷不断搅动刷洗坚果表面，定时换水或使用流水，除去残留在果面上烂

自然晾晒

机械烘干

皮、泥土和其他污渍。清洗时应避免坚果摩擦过大造成果壳破损和果内进水，切忌泡洗时间过长，不可使用任何化学药剂。

5.干燥

（1）自然干燥。晾晒场地应干净卫生，先摊放在阴凉干燥处晾半天左右，不可直接放在阳光下暴晒，避免果壳开裂，待果壳大部分水分蒸发后再摊晒。摊晒时厚度不超过两层果实，及时翻动。干燥后坚果含水量不超过8％。晾晒时切忌暴晒和雨淋。

（2）烘房干燥。坚果摊放厚度不高于15厘米，避免烘烤不均出现果壳开裂或烤焦。开始时烤房温度25℃~30℃，注意排湿。当烤到四五成干，果壳表面干燥，横膈膜对折可断时，将温度升至35℃~40℃，待坚果七八成干，敲开坚果后果内无水汽，横膈膜变脆可轻易折断时，将温度降至30℃左右直至烘干。果实烘干至壳面无水时即可翻动，越接近干燥，翻动越勤，最后每隔2小时翻动1次。烘干后坚果含水量不超过8％。

（3）机械干燥。使用电热干燥、远红外干燥和热风循环干燥等形式的烘干机干燥，具体操作依具体烘干机械而定。清洗后坚果可自然干燥1~2天后再移至烘干设备中。若遇阴雨天，可将清洗后坚果直接放入烘干设备中烘干。烘干最高温度不高于43℃；烘干后坚果含水量不超过8％。

6.分级

（1）空壳分选。使用重量分选机或风选机分选出空壳果。

（2）颜色分选。使用色选机或者人工分选出黑斑果。

（3）杂质分选。使用风选机分选出混于核桃中的毛发，褶皮，碎果壳，植物茎、叶等杂质。

核桃黑斑病的防治

1.细菌感染病害

褐斑病的发生与湿度密切相关，通常雨季多发。

2.病害特征

主要危害芽、叶、雄花序、嫩梢和幼果。叶片感病叶脉出现多角形褐斑，外围有水浸状晕圈，严重时病斑连片，叶片变黑脱落。嫩梢感病病斑长形、褐色、多角形，稍凹陷，病斑蔓延呈环切后受害部位以上枝条枯死。花序感病产生黑褐色水渍状病斑。幼果感病初期出现油渍状褐色小斑点，边界不清，凹陷变黑，果实由外向内腐烂至核壳，如果核壳尚未变硬，病菌向内蔓延至种仁，果实变黑腐烂脱落。核壳已经形成的果实感病只限外果皮或最多至中果皮受害变黑腐烂脱落，落果内果皮外露，核仁表面完好，病果出油率降低。

3.防治方法

（1）农业防治。增施有机肥，合理灌排水，保持通风透光，提高树体抗病能力。

（2）物理防治。结合冬季管理剪除病枝梢及病果，捡净落地病果集中烧毁。

（3）化学防治。由于病菌由皮孔等各种孔口和伤口侵入，及时防虫减少病菌入侵，发病初期喷施90%乙蒜素1500倍液，6~7月喷施1：1：100波尔多液，或30%王铜悬浮剂或70%甲基硫菌灵超微可湿性粉剂等，每隔10~15天喷1次，连喷2~3次。

黑斑病

核桃腐烂病的防治

核桃腐烂病又称核桃烂皮病，黑水病，为真菌感染病害。春季是发病高峰期，管理粗放，土层瘠薄，排水不良，肥水不足，树势衰弱或遭受冻害易感染此病。

1. 感病症状

主要危害枝干和树皮，导致树皮呈灰色病斑，水渍状，手指压时流出液体，有酒槽味。后期病斑纵裂，流出大量黑水。病斑上散生许多小黑点，湿度大时从小黑点上涌出橘红色胶质物。主干染病初期症状隐蔽在韧皮部，外表不易看出，当看出症状时皮下病部已达 20~30 厘米以上，流有黏稠状黑水，常糊在树干上。枝条染病表现为失绿，皮层充水与木质部分离，致枝条干枯，产生小黑点；剪锯口处发生明显病斑，沿梢部向下或向另一枝蔓延，环绕一周后形成枯梢。

2. 防治方法

（1）农业防治。增施有机肥料，合理修剪，增强树势，提高抗病能力。

（2）物理防治。秋季落叶前对密闭树疏除部分大枝，生长期间疏除下垂枝、老弱枝，恢复树势，对剪锯口用 1% 硫酸铜消毒。

（3）化学防治。春季或生长期发现病斑随时刮治，刮治范围控制到比变色组织大 1 厘米，略刮去好皮即可。刮后涂抹 4~6 波美度石硫合剂。或 60% 腐殖酸钠 50 倍~75 倍液。或 3~4 厘米厚泥，塑料纸裹紧，刮下病皮集中烧毁。冬季先刮净病斑，再涂刷白涂剂。减少冻害和日灼。开春发芽前、6~7 月及 9 月在主干和主枝中下部喷 3~5 波美度石硫合剂。

腐烂病

核桃炭疽病的防治

真菌感染病害，具有潜伏期长、发病时间短、爆发性强的特点,以老树发病严重。

1.感病症状

主要危害果实，也危害嫩芽、枝叶。果实感病：病斑初为褐色，后为黑色，近圆形，略凹陷，中央产生黑色小点，天气潮湿时涌出粉红色物，通常病果有多个病斑，病斑扩大连片后呈暗褐色，随后腐烂变黑，核仁干瘪。芽、嫩枝感病：顶端向下枯萎。叶片感病：呈黄色不规则形病斑，较大病斑中间有黑点组成同心圆，叶片边缘呈现连片焦枯，中小病斑呈现大致的圆形，叶脉两侧呈长条状枯斑，严重时叶片枯黄早落。

2.防治方法

（1）农业防治。加强栽培管理，合理修剪，保持通风透光，降低湿度，改善环境条件。

（2）物理防治。果实采摘后清园，修剪病枝、捡拾病果并深埋，喷施核桃保果灵稀释600倍预防。

（3）化学防治。6~8月病害感染期每间隔15天喷施15%百菌清可湿性粉剂600倍~800倍液或50%多菌灵粉800倍液或70%甲基托布津可湿性粉800倍液，1：0.5：240式波尔多液等防治，遇雨季，可在配制药液中加入助杀灵等黏着剂，以提高药液黏着性。

炭疽病

核桃枝枯病的防治

真菌病害，严重时病枝率达到20%~30%，大量枝条枯死，影响树体发育和核桃产量。

1.感病症状

枝梢病害，多发生在1~2年生枝条上。病菌侵害幼嫩的短枝，先从顶部开始，逐渐向下蔓延直至主干。感病枝条皮层初期呈暗灰褐，逐渐变成浅红褐或深灰色，棱形或长条形，后期失水凹陷，其上密生红褐色至暗色小点，后造成枝梢部枯死。大枝病部下陷，病死枝干形成许多小黑色突起状颗粒，枝皮失绿变成逐渐干枯开裂，病斑围绕枝条一周，枝干枯死，直至全树死亡，病枝的叶片逐渐变黄脱落。

2.防治方法

（1）农业防治。加强园地管理，增施有机肥，增强树势，提高抗病力。早春防寒，预防树体受冻，及时防治虫害，避免虫害伤口或机械损伤伤口。

（2）物理防治。剪除病枝深埋或烧毁以减少菌源。

（3）化学防治。主干发病后及时刮除病部，用1%硫酸铜或40%福美胂可湿性粉剂50倍液消毒再涂抹煤焦油保护。雨季到来前至发病高峰期，用70%代森锰锌800倍液连续喷3次，每隔10天1次。

枝枯病

核桃根腐病的防治

根腐病

根腐病

真菌病害，极易感染苗圃核桃幼苗。

1.病害特征

感病树叶片通常失绿而现黄绿，叶片延迟发育，叶形变小、黄化、早落叶，果实明显瘦小。枝条不能发芽、枯死，甚至整株死亡。挖开根系可发现毛细根皮层失去光泽，木质部分发暗、发黄，病害进一步发展使根部发褐腐烂，有的表现为全部根系、有的表现为一部分主侧根死亡。对应的是地上部分同一方向枝叶生长不良，甚至出现枯梢、枯枝，而侧根生长良好的一方向的枝桠生长正常。

2.防治方法

（1）农业防治。苗圃地选择地势高、不积水、沙壤土、土层厚的地方。增加土壤透气性和肥力，可种植紫穗槐、百三叶等绿肥进行土壤翻耕埋青。地势平坦、排水不好的地方挖排水沟。

（2）化学防治。感病较轻病株可挖开表土露出发病主根及毛细根，用0.5%~1%的硫酸铜溶液、根腐灵300倍液或恶霉灵600倍液等浇灌病根，阴晾数小时后用土覆盖好，也可加双吉尔或萘乙酸等生根剂以促进根系恢复生长，施药量树木根系的大小确定，要将全部病根及周围土壤浇透。对已发病死亡病根要从病健交界处锯断后及时挖除，集中烧毁，减少侵染源。土壤表面撒生石灰，每株1~3千克，浅锄与土壤混合。降低土壤酸度，改变病菌土壤生态状况，抑制病菌生长。

核桃膏药病的防治

核桃膏药病也称烂脚癣、黄膏病，真菌病害。轻者枝干生长不良，重者死亡，病原菌常与介壳虫共生。

1.感病症状

主要危害核桃树干及枝条。主干或枝干分杈处下方和背阳处生成一层厚膜状的圆形或椭圆形菌体，颜色呈紫褐色，边缘呈白色，随后变成灰色，菌膜表面绒状，渐渐变大形成膏药状薄膜，形似膏药故称膏药病。

2.防治方法

（1）物理防治。结合修剪除去病枝，或刮除病菌的实体和菌膜，喷洒1：1：100倍波尔多液，或20%石灰乳。

（2）化学防治。膏药病发病初期，全株喷施30%松脂酸钠水乳剂800倍液，或80%代森锰锌可湿性粉剂800倍液，防效分别达到70%和77%。使用松脂合剂加水（冬季每500克原液加4~5升，春季加水5~6升，夏季加水6~12升）喷施枝干防治蚧壳虫若虫。早春和晚秋对枝干病斑、菌瘤、流胶等细心刮除，刮除时要求纵向多刮3厘米好皮，横向多刮1厘米好皮，深达木质部，然后使用溃腐灵原液或5倍液进行均匀涂抹，病情严重时间隔7天左右再涂抹1次。在萌芽前、果实膨大期（7~8月份）用溃腐灵30倍~60倍液喷施树干。

膏药病

核桃褐斑病的防治

真菌感染病害。主要危害叶片、嫩梢和果实，引起早期落叶、枯梢、烂果，影响树势和产量。

1. 感病症状

枝梢上病斑呈长椭圆形或不规则形，黑褐色，稍凹陷，边缘褐色，病斑中间常有纵向裂纹，后期病斑上散生许多小黑点，严重时嫩梢枯死。叶片发病后出现圆形或不规则形的小褐斑，较大病斑中间灰白色，小病班黑色或黑褐色，多个病斑连在一起成不规则边缘，病斑周边与健康组织之间有黄绿色过渡带。严重时病斑增大连成大片枯斑。果实上病斑灰褐色，近圆形或不规则形，病斑初期为灰黑色，产生白色小点，后期为白色块状物覆盖整个果实，使果实变为灰白色，采收时变黑腐烂。

2. 防治方法

（1）农业防治。加强栽培管理，进行合理修剪，保持通风透光，降低湿度，改善园内的环境条件。及时除草松土和剪除枯枝、病枝及僵果，集中烧毁。

（2）物理防治。果实采摘后清园，修剪病枝、捡拾病果并深埋。

（3）化学防治。6~8月病害感染期每间隔15天喷施1次，喷施15%百菌清可湿性粉剂600~800倍液或50%多菌灵粉800倍液、70%甲基托布津可湿性粉800倍液或1∶0.5∶240式波尔多液等杀菌剂。遇雨天可在配制好的药液中加入助杀灵等黏着剂，以提高药液黏着性。

褐斑病

核桃溃疡病的防治

真菌感染病害，核桃溃疡病是一种弱寄生菌引起的，树体受到冻害、日灼等伤害时易被感染。

1. 感病症状

主要危害嫩枝、枝干、果实。枝干感病初期病部呈黑褐色圆形病斑，随着病情扩展呈梭形或长条形病斑，在皮层形成水泡状，破裂后流出淡黄色黏液，遇到空气变为铁锈色。感病后期病部干缩下陷，中央纵裂，病部形成许多小黑点。感病果面形成褐色的近圆形病斑，发生较严重时会导致果实干缩、腐烂、早落，表面产生许多褐色或黑色粒状物。枝干染病后长枝衰弱、枯枝甚至全株死亡。果实感病后导致提早落果，品质下降。

溃疡病

2. 防治方法

（1）农业防治。增施有机肥、合理灌溉、增强树势、提高树体抗病能力。结合修剪剪除病残枝及茂密枝，通风透光，保持园地适宜的温湿度，清洁园地，减少病原体。

（2）化学防治。发病初期用刀刮除或划破病皮，深度达木质部，涂3~5波美度石硫合剂，或1%硫酸铜液，或1/10碱水或5%~10%甲基托布津或多菌灵油膏。

溃疡病

核桃灰斑病的防治

真菌病害，容易感染苗圃中的核桃幼苗。

1. 病害症状

主要为害叶片。病菌引起明显边缘叶斑，病斑圆形，大小3~8毫米，不易扩大。初浅绿色，后变成暗褐色，最后变成灰白色，边缘黑褐色，后期病斑上生出黑色小粒点。病斑发病严重时，每个叶片上可产生许多病斑，在雨水多、湿度大的情况下，病害发生发展迅速造成早期落叶。

2. 防治方法

（1）农业防治。加强管理，防止枝叶过密，注意降低园地湿度，可减少侵染。

（2）清除病落叶，烧毁或深埋，以消灭越冬病原。

（3）化学防治。发病初期喷施50%可苯菌灵可湿性粉剂800倍液或50%甲基硫菌灵·硫黄悬浮剂900倍液，或65%代森锌可湿性粉剂500倍液，或25%多菌灵可湿性粉剂400倍液防治。

灰斑病

灰斑病

核桃日灼病的防治

核桃日灼是高温烈日暴晒引起生理病害，一般在高温季节容易发生。特别干旱缺水，又受强烈日光照射，致使果实温度升高，蒸发消耗的水分过多，果皮细胞遭受高温而灼伤。一般在连续阴雨天气突然放晴，或连续高温晴朗情况下容易发生。

1.病害特征

核桃日灼通常指果实和嫩枝发生日灼。轻度日灼果皮上出现黄褐色，圆形或梭形有大斑块，较严重时已经造成种仁危害，表现为青皮褐变、硬壳褐变、果仁褐变萎缩。严重日灼时病斑可扩展至果面的一半以上并凹陷，果肉干枯黏在核壳上，引起果实早期脱落。受日灼的枝条半边干枯或全枝干枯。日灼核桃树通常伴有根腐病，同时有根腐病的核桃树容易发生日灼。

2.防治方法

日灼预防：夏季高温期间定期浇水，降低温度，提高湿度，以调节园内小气候，可减少发病。合理修剪，适度厚留枝叶。冬季树干涂白。出现高温前向果面喷2%石灰乳液，降低果面温度，减轻危害。

日灼发生后补救措施：每100千克水混合1千克水溶肥、200毫升生根剂、200毫升根腐病制剂，将混合液摇匀后对病树进行根基打孔输液，经过连续2~3次输液，核桃树可恢复正常生长。

日灼病

日灼病

核桃举肢蛾的防治

核桃举肢蛾又称核桃黑，是专性蛀食核桃果实的害虫。

1. 为害特点

以幼虫为害果实，在果皮内打道串食，虫道内充满虫粪，蛀入孔处出现水渍状果胶。初期透明，后期变成琥珀色。被害处果肉食成空洞，果皮变黑，逐渐下陷、干缩，全果被蛀食空则变成黑核桃，脱落或干缩在树枝上。幼虫还蛀食果柄，引起早期落果，影响核桃产量。

2. 发生规律

幼虫7~8月为害，当果径2厘米左右时咬破果皮钻入青皮层内为害，幼虫不转果为害，为害期为30~45天。举肢蛾在阴坡、沟谷的园地较严重。管理粗放、树势较弱、较潮湿环境发生较严重。

3. 防治方法

（1）农业防治。晚秋至次年春季在树冠外围细致处翻土壤(3厘米厚)，破坏幼虫越冬场所。

（2）物理防治。每年6月上旬至8月上旬幼虫脱果前及时摘除变黑病果，摘拾黑果及时集中销毁或深埋。

（3）化学防治。成虫出土前，树盘覆土2~4厘米或地面撒药，每亩撒杀螟松粉2~3千克。小麦即将收割时为第1次树冠喷药期，每隔10~15天喷1次，连续喷2~3次，药剂交替使用。雨后应及时补喷。药剂可选15%吡虫啉3000~4000倍液，48%乐斯本乳油2000倍液，10%高效氯氢2500倍液。

核桃举肢蛾为害状

核桃举肢蛾为害状

银杏大蚕蛾的防治

银杏大蚕蛾，又称白果蚕，俗称大白毛虫、核桃楸大蚕蛾，食叶害虫。

1.为害特点

以幼虫暴食核桃叶片，严重发生时上千条幼虫将整株核桃树叶吃光，仅剩叶脉和青果，致使树冠光秃，幼果因缺乏营养而大量落果，造成结果树绝收，甚至死亡。

2.发生规律

树叶长出后幼虫从树干向树冠内膛叶片转移，在叶片背面群集为害，随后逐渐向树冠四周叶片扩散取食，5~6月上旬幼虫进入暴食期，当群集幼虫将全树叶片吃光后，幼虫开始下树转移至其他树危害。

3.防治方法

（1）农业防治。秋冬季结合园地管理，刮除老皮、翘皮，铲除附着卵块，清除核桃树周围的杂草、灌木，树下深翻扩盘，降低虫口密度。

（2）物理防治。6~7月核桃树下拾摘坠叶茧蛹，也可人工摘除树上茧蛹，集中烧毁。7~8月用黑光灯诱杀成虫。

（3）化学防治。4月下旬至5月中旬，幼虫在树冠下层叶背面聚集危害时为最佳防治期，喷施90%敌百虫1500~2 000倍液或25%灭幼脲500倍液，杀虫效果显著。

（4）生物防治。幼虫孵化高峰期用BT（苏云金杆菌微生物杀虫剂）乳剂和等量18%杀虫双水剂混合，稀释600~1000倍喷雾。

银杏大蚕蛾的为害状

银杏大蚕蛾的为害状

核桃扁叶甲的防治

核桃扁叶甲，又称核桃叶甲、金花虫，食叶害虫。

1.为害特点

初孵幼虫有群集性，食量较小，仅食叶肉。幼虫后期食量大增并开始分散危害，不仅取食叶肉，也取食叶脉，甚至叶柄，造成叶片网状或缺刻。严重时将叶全部吃光，仅留主脉，形似火烧，残存的叶脉、叶柄呈黑色进而枯死。

2.发生规律

3月底越冬成虫开始取食叶片，初孵幼虫群集危害，3龄后开始分散取食，可将叶片咬成缺刻。

3.防治方法

（1）农业防治。加强预测预报；清除枯枝、落叶和杂草，及时深埋；对根部树冠范围内土壤细致耕翻，消灭越冬卵。

（2）物理防治。及时摘除集于叶背呈悬蛹状虫蛹，春季刮除树干基部老翘皮烧毁，去除越冬成虫。幼虫群集叶片时摘除虫叶。4~5月成虫上树时用黑光灯诱杀。

（3）化学防治。4~6月喷10%氯氰菊酯2500倍液防治成虫和幼虫，效果显著。大面积严重发生时可喷5%氯氰菊酯乳油3000倍液、2.5%功夫乳油3000倍液等防治。

核桃扁叶甲为害状

核桃扁叶甲为害状

核桃横沟象的防治

核桃横沟象又称核桃根象甲，蛀干害虫。

1.为害特点

幼虫初危害时根颈皮层不开裂，开裂后虫粪和树液流出，根颈部有大豆粒大小的成虫羽化孔。受害严重时皮层内多数虫道相连，充满黑褐色粪粒及木屑，被害树皮层纵裂，并流出褐色汁液，轻者树势衰弱、产量下降，重者整株枯死。

2.发生规律

4月上旬越冬成虫开始取食叶片、嫩枝。5~10月90%幼虫集中表土下5~20厘米根皮层为害，幼虫危害期长，3~11月均能蛀食。

3.防治方法

（1）农业防治。集中烧毁虫枝、虫果、虫叶，减少虫源。加强综合管理，增

横沟象为害状

强树势，提高抗虫能力。挖树盘杀幼虫，深度5~10厘米之间并在根茎部涂抹杀虫剂，树盘周围喷洒苯氧威等杀虫剂，效果显著。

（2）物理防治。成虫产卵前将根颈部土壤扒开，涂抹石灰浆后进行封土，阻止成虫在根颈产卵，可维持2~3年。冬季挖开根颈泥土，刮去根颈粗皮，在根部灌入人粪尿后封土，杀虫效果显著。冬季结合垦复树盘，挖开根颈泥土，刮去根颈粗皮，降低根部湿度。

（3）化学防治。虫主根率大于50%时，用黄泥5千克+敌敌畏乳油50毫升+牛粪+0.5千克搅成糊状，涂抹于核桃树根茎部，防治第二代幼虫。用林木药效保护剂涂抹根茎部至1.5米以下处。

（4）生物防治。选用1.8%阿维菌素3000~4000倍液，1%苦参碱2000倍液交替使用。

横沟象幼虫

核桃吉丁虫的防治

核桃小吉丁虫又称串皮虫，蛀干害虫。

1.为害特点

以幼虫蛀入2~3年生枝干皮层为害，随虫体增大逐渐深入到皮层和木质部中间危害，隧道成螺旋状，内有褐色虫粪，被害处枝肿大，表皮变为黑褐色，被害枝表现出不同程度的黄叶和落叶现象，大枝脱水干枯，树冠变小，产量下降，严重时全株枯死。

2.发生规律

以幼虫在2~3年被害枝内越冬，每年7月至8月为幼虫危害盛期，成虫钻出枝后取食核桃叶片。

3.防治方法

（1）农业防治。通过深翻改土，增施有机肥，合理间作及整形修剪等综合措施，增强树势，提高抗虫害能力。

（2）物理防治。结合修剪将受害枝条剪除，集中烧毁，消灭虫源。成虫羽化产卵期设置饵木，诱集成虫产卵后及时销毁。

（3）化学防治。虫孔涂抹药剂：7~8月份幼虫危害盛期发现枝条上有月牙状通气孔，随即涂抹2500倍70%吡虫啉液消灭幼虫。6~7月成虫发生期进行树冠、树干药剂喷雾，喷施70%吡虫啉粉剂2500倍液，或2.5%的高效氯氰菊酯1000倍液，7天喷1次，连喷3次。

（4）生物防治。小吉丁虫幼虫期有2种寄生蜂，自然寄生率为16%~56%，释放寄生蜂可有效降低越冬虫口数，减少或减轻虫害。

核桃吉丁虫成虫

芳香木蠹蛾的防治

芳香木蠹蛾为害状

芳香木蠹蛾为枝干害虫，具有分布广、扩散能力较强、天敌种群数量相对较少、自然死亡率较低、隐蔽性危害等特点，轻者使树体衰弱，重者整株死亡。

1.为害特点

幼虫在木质部表面蛀成槽状蛀坑，常见十余头或几十头幼虫群集为害，向木质部钻蛀。虫龄增大后分散在树干同段内蛀食，逐渐蛀入髓部，导致木质部与皮层分离，极易剥落。严重时蛀成纵横相连大坑道，在边材处形成宽大蛀槽，排出木屑和虫粪，溢出树液。

2.发生规律

以幼龄幼虫在树干内及附近土壤内结茧越冬。5~7月发生，幼虫孵化后，蛀入皮下取食韧皮部和形成层，以后蛀入木质部，幼虫受惊后能分泌一种特异香味。

3.防治方法

（1）农业防治。伐除被害严重、树势衰弱、主干干枯的树体。土壤翻耕、灌溉、除草，增强树体抗害、抗逆能力。

（2）物理防治。利用成虫趋光性夜间用黑光灯诱杀成虫，也可用人工合成性信息素顺—5—十二碳烯醇乙酸酯等诱杀。及时清理被害枝干，伐除烧毁，撬起根颈皮下部皮层挖杀幼虫。

（3）化学防治。新孵化幼虫用树干连喷2次40%氧化乐果乳油1000倍液或氯氰菊酯3000倍液喷杀。刚蛀入皮下幼虫用氯氰菊酯1000～1500倍液或40%乐果乳油1000倍液喷杀。用40%乐果原液和等量柴油混匀涂抹幼虫蛀孔毒杀。蛀入树干较深幼虫用80%敌百虫30倍液或40%乐果乳油40倍液注入虫孔内外填黄泥毒杀。

（4）生物防治。人工保护和利用啄木鸟等天敌，用1000条/毫升的斯氏属线虫或白疆菌防治幼虫。

芳香木蠹蛾为害状

核桃长足象的防治

核桃长足象又称核桃果实象、核桃果象甲、核桃长棒象，蛀果害虫。

1. 为害特点

以幼虫危害最严重，幼虫在果内取食种仁，造成果皮干枯变黑，果仁发育不全。更为严重是成虫产卵于果实中，造成大量落果，受害较轻导致落果，严重者果实全部脱落。成虫啃食嫩叶，嫩梢及幼果皮，影响果树生长，导致减产。

2. 发生规律

4月下旬核桃萌发后成虫开始，取食嫩梢嫩叶。5月中下旬幼虫孵化取食种仁，虫果开始脱落，幼虫随虫果落地后继续果内取食在果内化蛹。6月中旬蛹羽化成成虫，将虫果果壳咬开爬出果外，飞到树上觅食叶梢直至越冬。

3. 防治方法

（1）农业防治。集中清除深埋或烧毁杂草、落叶、落果，成虫出土前地面撒施3%克百威并浅耕，消灭越冬成虫。

（2）物理防治。7月初为长足象引起核桃落果集中期，占总落地果量85%~90%，落果多为老熟幼虫或蛹，此期是人工捡拾落果最佳期，捡拾干净后集中处理。

（3）化学防治。成虫出蛰盛期至幼虫孵化盛期是药剂防治关键时期，用50%三硫磷乳剂1000倍液，喷施80%磷胺乳剂1000倍液，或50%辛硫磷乳剂1000倍液，或50%杀螟松乳剂1000倍液等药剂。

（4）生物防治。保护利用双齿多齿蚁、黑带食蚜蝇、蠼螋、黄腹山雀、四声杜鹃等主要天敌以及寄生成虫白僵菌。使用每毫升含孢量2亿的白僵菌液喷雾效果显著。

核桃长足象为害状

核桃长足象为害状

核桃木橑尺蠖的防治

核桃木橑尺蠖又称大头虫、吊死鬼，食叶害虫，果农称“一扫光”。

1. 为害特点

幼虫对叶片危害严重，具有暴食性。幼虫取食叶尖叶肉，留下叶脉，将叶食成网状，长大后沿叶缘将叶片吃成缺刻或孔洞，或只留叶柄，大发生时，3~5天即可将叶片全部吃光，造成树势衰弱减产，严重影响质量和产量。

2. 发生规律

幼虫爬行快。稍受惊动，即吐丝下垂，可借风力转移危害。幼虫危害期长达30~45天。

3. 防治方法

（1）农业防治。落叶后至结冻前、早春解冻后至羽化前，结合整地在核桃树周围1米内挖蛹，集中处理。

（2）物理防治。5~8 月成虫化蛹期利用成虫趋光性，用黑光灯或堆火诱杀成虫，也可早晨成虫翅受潮湿时扑杀。成虫羽化前翻树盘或树冠下覆地膜阻止成虫出土。

核桃木橑尺蠖（尺蛾）

（3）化学防治。6月上旬幼虫孵化盛期喷90%敌百虫800 倍液、25%西维因600 倍液、20%速灭杀丁3000~4000倍液、20%速灭杀丁乳油2000~3000 倍液、5%氯氰菊酯3000 倍液、50%的辛硫磷乳油2000倍液、50%杀螟松乳剂800 倍液、50%辛硫磷乳油1 200 倍液等防治。第1 次施药在发芽初期，第2 次在芽伸长3~5 厘米时为宜。

云斑天牛的防治

天牛为害状

云斑天牛为害状

云斑天牛又称多斑白条天牛、核桃大天牛、铁炮虫，枝干害虫。周期长、危害大，是一种毁灭性核桃害虫。

1.为害特点

幼虫先在树皮下蛀食皮层、韧皮部，逐渐深入木质，蛀成粗大的纵或斜的隧道，树干被害后流出黑水，从蛀孔排出粪便和木屑，树干被蛀空后全树衰弱或枯死，还易被风吹折。成虫取食叶片和新梢嫩皮。

2.防治方法

云斑天牛成虫期长防治困难，但成虫产卵槽极其明显。幼虫为害症状也很容易被发现，应以防治产卵槽和幼虫为主。

（1）农业防治。加强土肥水、整形修剪等综合管理，增强树势，提高抗虫力。冬春季挖土晾根，挖开根颈部土壤，刮去根颈粗皮。冬季或初春伐除受害严重虫源树并销毁处理。树干涂白阻隔成虫产卵或杀死树干上幼虫。

（2）物理防治。以新鲜虫粪为目标，撬开皮层用尖端弯成小钩的细铁丝从蛀道插入，钩杀幼虫或蛹。产卵疤痕（产卵槽）或流黑水地方切开树皮，挖出或敲砸虫卵和幼虫。

（3）化学防治。清除排泄孔中虫粪、木屑，挖开根颈部，将50%辛硫磷乳剂200倍液或48%乐斯本乳油300倍液注入虫孔，湿土封口熏杀幼虫，用50%杀螟松乳油涂产卵刻槽，点涂范围以刻槽为中心5厘米×5厘米；喷施10%氯氰菊酯乳油3000~4000倍液、或10%吡虫啉可湿性粉剂3000~4000倍液、或20%速灭杀丁乳油3000~4000倍液。

舞毒蛾的防治

舞毒蛾幼虫

舞毒蛾寄生蝇

舞毒蛾又称柿毛虫、秋千毛虫，食叶害虫。

1. 为害特点

以幼虫咬食叶片，亦啃食核桃果皮，具有暴食性，严重时将全树树叶吃光，造成核桃幼果脱落，树势衰弱。

2. 发生规律

4月下旬核桃发芽时上树为害，以5月份为害最重。1龄幼虫日夜群集叶片背面，白天静止不动，夜间活动取食。从2龄幼虫开始，傍晚成群结队上树取食叶片。

3. 防治方法

（1）农业防治。秋冬季清园，铲除杂草，剪除枯枝、残枝、病虫害枝，并集中烧毁。发芽前在树皮裂缝及树下石块附近刮除越冬卵。

（2）物理防治。卵块孵化期长达9个月，卵块常出现在枝梢基部或枝干上易发现，可人工剪除，集中烧毁。利用幼虫白天下树潜伏习性在树下堆石块诱杀。利用初龄幼虫群栖和受惊下垂的习性，人工敲击树体震落幼虫诱杀。成虫发生期用黑光灯诱杀。

（4）化学防治。主干距地面50~100厘米处乱去粗皮，用溴氰菊酯和杀灭菊酯杀涂棒涂药环2圈，或用1.4%乐果乳剂20倍液注入虫孔毒杀；喷施2.5%溴氰菊酯乳油4000~6000倍液或75%辛硫磷乳油2000倍液。

铜绿丽金龟的防治

金龟子为害状

铜绿丽金龟幼虫

1. 为害特点和发生规律

又称铜绿金龟子、铜绿异丽金龟、青金龟子、淡绿金龟子，食叶害虫。

成虫取食叶片，形成不规则的缺刻、孔洞或只留下叶脉和叶柄，常造成大片幼龄核桃叶片残缺不全，甚至全树叶片被吃光。以3龄幼虫食量最大，为害严重期集中在6月至7月上旬，主要为害期40天左右。

2. 防治方法

（1）农业防治。结合中耕除草，清除田边、地堰杂草，闲地块深耕深耙。幼虫在地表土层活动时适期秋耕和春耕，捡拾幼虫销毁处理。不施用末腐熟的秸秆肥。

（2）物理防治。利用成虫假死性，傍晚成虫活动时振动树枝捕杀成虫。利用成虫趋光性，在晚上20:00~23:00时用黑光灯诱杀。结合冬耕翻土整地，捕杀幼虫、蛹和成虫。卵孵盛期灌水防治初龄幼虫。

（3）化学防治。成虫为害期喷施50%杀螟松乳油或50%磷胺乳油800~1000倍液，2~3天喷1次，喷2~3次，防效达75%和60%。用2.5%溴氰菊脂2000~3000倍液喷雾，防效达85%。

（4）生物防治

成虫交尾期用雌虫性激素乳状芽孢杆菌诱杀雄虫，每亩用菌粉0.1千克，均匀撒施使幼虫感病致死。

刺蛾类虫害的防治

绿刺蛾

刺蛾类害虫主要有黄刺蛾、褐边绿刺蛾、褐刺蛾、扁刺蛾等，幼虫又称洋辣子、毛八角、刺毛虫，食叶害虫。

1. 为害特点

幼虫在叶背群集啃食叶肉，形成白色圆形半透明小斑，小斑逐渐连成大斑。大龄幼虫可将叶片吃成很多孔洞、缺刻，严重时将叶片吃光，仅留叶柄、主脉，影响树势和产量。

2. 防治方法

（1）农业防治。结合整枝修剪、除草及冬季清园，清除枝干上、杂草中的越冬虫体，减少虫源。

（2）物理防治。根据不同刺蛾结茧习性，冬春季在树体附近挖土除茧。利用初孵幼虫群集为害习性，摘除虫叶集中销毁。利用黑光灯或频振式杀虫灯诱杀成虫。

（3）化学防治。幼虫发生严重期喷施35%赛丹1500倍液，或40.7%毒死蜱1500倍液，或2.5%敌杀死2000倍液，或4.5%高效氯氰菊酯2000倍液，或25%灭幼脲3号1500倍液，或0.3苦楝素1000倍液等药剂防治。

（4）保护利用天敌资源。刺蛾类天敌有上海青蜂、刺蛾广肩小蜂、螳螂、金星步甲和许多有益鸟类，应加以保护利用，充分发挥天敌昆虫的自然控害作用。

蚧壳虫的防治

蚧壳虫为害状

核桃蚧壳虫主要指桑盾蚧，又称桑白蚧，枝干害虫。

1.为害特点

桑盾蚧聚集固定在枝条上为害，其口针插入枝干皮层吸食树体汁液，严重发生时虫口难以计数，介壳形成后，受害枝上裹着白蜡如同冬天的“雪挂”，受害部位的芽、叶和果因养分供应受阻造成干枯甚至死亡。蚧壳虫发生时易诱发膏药病，病害和虫害常混合发生。

2.防治方法

（1）农业防治。深翻土壤，改善土壤条件，增施有机肥料，提高树势。加强修剪，合理分布树体结构，及时剪除病虫枝、干枯枝，集中销毁。树体生长期及时中耕除草和补充氮、磷、钾和微量元素。

（2）物理防治。若虫迁移前悬挂黏虫板和杀虫灯杀死雄虫。发芽前树干和主枝涂林木长效保护剂，侧枝和树冠用松碱合剂、清园剂、石硫合剂等喷洒，每隔15天喷洒1次，连续3~4次。对严重的树干和主枝将蚧壳刷破后再喷药。

（3）化学防治。5月上中旬、8月上中旬是是蚧壳虫成虫孵化期、迁移期，也是化学防治最佳时期，喷施2.5%高效氯氟氰菊脂乳油2000~3000倍液，70%吡虫啉悬浮剂2000倍液2次以上。

黄须球小蠹的防治

黄须球小蠹为害状

黄须球小蠹

黄须球小蠹飞翔能力较强，蔓延较快，但食性单一，主要危害核桃、山核桃。食叶、食芽害虫。

1. 为害特点

成虫食害新梢的芽，受害严重时整枝或整株芽均被蛀食，造成枝条枯死。该虫常与核桃小吉丁虫混合发生，严重影响结果和生长发育。

2. 发生规律

春、秋季为主要为害期，其中春季尤为严重，成虫多危害顶芽，第2芽次之，第3芽较少危害。成虫和幼虫均可在枝条中蛀食，幼虫多在前一年生枝与当年新梢交界处蛀孔危害，受害枝最易在蛀孔处被风折断，造成很大损失。

3. 防治方法

（1）农业防治。加强综合管理，增强树势，提高抗虫力。消灭核桃小吉丁和其他病虫害，铲除产卵繁殖场所。

（2）物理防治。根据其在半干枝和干枝上产卵的习性，产卵后至成虫羽化前彻底剪除虫害枝并及时烧毁。春季树体发芽后，彻底剪除没有萌发的虫枝或虫芽；越冬成虫产卵前，在树上挂饵枝引诱成虫产卵后，集中销毁。

（3）化学防治。喷洒25%西维因可湿性粉剂500倍液、或30%毒死蜱400倍液、或50%马拉松乳剂1000倍液、或2.5%溴氰菊酯乳剂4000倍液、或5%啶虫脒1000倍液防治。

核桃缀叶螟的防治

核桃缀叶螟又名木檫粘虫、卷叶虫，食叶害虫。

1. 为害特点

以幼虫卷叶取食为害，7 月末初龄幼虫群居，在叶面吐丝结网，稍长大后由 1 窝分为多个群，把叶片缀在一起，使叶片呈筒形，8 月初卷食复叶，复叶卷的越来越多最后成团状，幼虫在其中食害，并把粪便排在里面，直至食光叶片，影响树势和产量。

2. 发生规律

7 月上中旬开始出现幼虫，7~8 月份为幼虫为害盛期。

3. 防治方法

（1）农业防治。加强综合管理，增强树势，提高抗虫力。

（2）物理防治。土壤封冻前或解冻后，在树根旁或松软土里挖除虫茧。7~8 月份幼虫为害盛期，幼虫多在树冠上部和外围结网卷叶为害，及时剪除受害枝叶，消灭幼虫。

（3）化学防治。七八月幼虫初期喜群居是防治最佳时间，喷施 1% 苦参碱可溶性液剂 1200 倍液，防效达 91%。幼虫为害初期喷施 50% 杀螟硫磷乳油 1000~2000 倍液，或 50% 辛硫磷乳油 1000~2000 倍液，或 90% 晶体敌百虫 800~1000 倍液，或 25% 甲萘威可湿性粉剂 500~800 倍液等，或杀螟杆菌(50 亿/克) 80 倍液喷防治。

核桃缀叶螟幼虫为害状

核桃缀叶螟

大青叶蝉的防治

大青叶蝉

大青叶蝉

大青叶蝉又称浮尘子、大绿浮尘子、大绿叶蝉、青叶跳蝉，枝干害虫。

1. 为害特点

大青叶蝉通过刺吸为害枝条和叶片，最大危害是成虫成群结队地在树体当年枝条皮层内产卵，使枝条表皮成月牙状翘起，破坏皮层，造成植株水分大量散失，抗寒能力下降，影响冬芽萌发或整段枯死。大青叶蝉对幼龄核桃树的为害尤其明显，轻者造成树势衰弱，严重时全株死亡。

2. 发生规律

春季萌芽时卵孵化为幼虫为害间作物。10月中旬后转移到核桃树上产卵越冬，成虫产卵于树体1~2年生枝条上，产卵器刺破表皮，形成月牙形伤口。成虫有趋光性、趋绿性，常群集为害。

3. 防治方法

（1）农业防治。在核桃地行间种植少量大青叶蝉喜食的胡萝卜等矮秆作物以诱杀害虫。10月成虫产卵前在幼树当年生及2年生枝条上涂刷白涂剂，阻止成虫产卵。核桃地中耕压绿或喷除草剂除草。

（2）物理防治。9月中旬至10月成虫产卵时利用黑光灯诱杀。对于必须保留的被害枝梢可用小木棍挤压卵块，消灭越冬卵。

（3）化学防治。9月中旬、4月中旬虫口集中时喷施90%敌百虫晶体、50%辛硫磷乳油1000倍液，每次间隔10天左右，连续2次。虫量较大时可喷施1.2%苦烟乳油800~1000倍液，或6%吡虫啉乳油3000~4000倍液，或5%啶虫脒乳油5000~6000倍液防治。

日本扁叶蜂的防治

日本扁叶蜂幼虫为害状

日本扁叶峰叶峰幼虫为害状

日本扁叶蜂主要危害核桃、枫杨等，食叶害虫。

1.为害特点

幼虫常数头群集叶缘为害。大发生时几乎将树体叶片全部吃光，影响核桃的产量和树木正常生长

2.发生规律

成虫产卵于叶表皮下，单粒散产，每个叶片上产卵7~8 粒。老熟后幼虫入土结茧化蛹，深度一般为 9~13 厘米，蛹期 13~18 天。幼虫孵化后常数头群集叶缘，尾部翘起，排列整齐，形似叶缘镶边。

3.防治方法

（1）物理防治。利用幼虫群集叶上的习性，进行人工捕捉幼虫，集中销毁。利用幼虫的假死性，在树下铺塑料薄膜，用震落法，将震落的幼虫集中处理。

（2）化学防治。在幼虫发生期喷施 2.5%溴氰菊酯乳剂2000~2500 倍液，或 4.5%高效氯氰菊酯乳油 1500~2000 倍液防治。

（3）生物防治。温度适宜时喷施白僵菌或苏云金杆菌，或 25%灭幼脲喷雾防治。林冠盖度在0.6 以上时用苦参烟碱烟剂进行喷施熏杀。保护利用天敌。

核桃黑斑蚜的防治

核桃蚜虫

黄板诱杀有翅蚜虫

核桃蚜虫又称腻虫、蜜虫，枝干害虫。

1.为害特点

成蚜、若蚜在核桃叶背及幼果上刺吸为害，危害严重区域有蚜株率达90%，有蚜复叶占80%左右。

2.发生规律

以卵在枝杈、叶痕等处的树皮缝中越冬。若蚜寻找膨大树芽或叶片刺吸取食，成蚜1年有2个为害高峰：6月和8月中下旬至9月初。成蚜较活泼，可飞散至邻近树上为害。

3.防治方法

（1）农业防治。结合整形修剪剪除虫枝，结合整地、修树盘清除树下杂草乱石，减少虫源。

（2）物理防治。利用有翅成蚜对黄色有较强趋性的特点进行黄板诱杀，根据树龄及树体高度3~5株树挂1张，悬挂高度为1.5~2米。黄板制作方法：将0.33平方米的塑料薄膜涂成金黄色，再涂1层凡士林或机油。

（3）化学防治。4月初喷施40%乐果乳油1500~2000倍液，或5%蚜虱净乳油1000~1500倍液；6月、8月每复叶蚜虫达50头以上为最佳防治期，可喷施50%抗蚜威可湿性粉剂5000倍液，或20%啶虫脒乳油2500倍液，或40%蚜灭磷乳油1000~1500倍液防治。

（3）生物防治。主要天敌有蚜茧蜂、食蚜蝇、异色瓢虫、草青岭、红蜘蛛；以蚜茧蜂的寄生率最高，可达51%，应加以保护。

绿尾大蚕蛾的防治

绿尾大蚕蛾幼虫

绿尾大蚕蛾成虫

绿尾大蚕蛾又称水青蛾，是一种间隙性发生的食叶害虫。

1.为害特点

幼虫食量巨大，大部分时间都在取食，常把枝条的叶片吃光后再转害他枝，甚至全树吃光。造成当年落果，下年减产。

2.发生规律

幼虫共5龄，1、2龄幼虫群聚为害，3龄分散为害。夏季幼虫在枝条上结长圆球形茧化蛹，越冬代幼虫在树干下部集小群结较扁的茧化蛹。

3.防治方法

（1）物理防治。冬季清除落叶、杂草，摘除树上虫茧，集中处理。利用成虫白天悬挂枝头等处静止不动的习性捕杀成虫。低龄期及时摘除幼虫团，老熟幼虫期根据地面黑色粗大虫粪寻找幼虫捕杀。成虫盛期利用黑光灯诱蛾灭杀。

（2）化学防治。5月下旬至6月中旬、8月中下旬幼虫发生期喷施90%敌百虫800~1000倍液，或2.5%敌杀死200~300倍液，或80%敌敌畏乳油1500倍液防治。

（3）生物防治。保护和利用主要天敌赤眼蜂。

核桃潜叶蛾的防治

核桃潜叶蛾又称夹板虫、地图虫等，为蛀叶害虫。

1.为害特点

成虫产卵于嫩梢或者叶脉边缘，幼虫潜入叶片正面，主要取食核桃的叶肉，在叶片上下表皮之间一边取食一边钻入叶肉中，早期形成弯曲的银白色虫道。幼虫暴食期集中取食，使表皮与叶肉形成片状分离，排泄物呈黑色颗粒状，集中堆积在虫道的一边。为害后期叶片受害部位卷曲，干枯，变黄脱落。

2.发生规律

五月上旬出现初龄幼虫，6~7月是幼虫盛发期，也是为害最为严重时期，占总量75%以上。8月后老熟幼虫在土壤中化蛹，9月后蛹在土壤中过冬。来年的4月中旬羽化为成虫并产卵，5月后孵化成幼虫开始新的一轮为害。

核桃潜叶蛾为害状

3.防治方法

（1）农业防治。加强检疫，严禁从疫区调入核桃苗。在为害严重基地不间作瓜类、茄果类、豆类；及时清园，把为害枝叶集中深埋烧毁。

（2）物理防治。采用灭蝇纸诱杀成虫，在成虫始盛期至盛末期，每亩置15个诱杀点，每个点放置1张诱蝇纸诱杀成虫，3~4天更换一次。

（3）化学防治。成虫羽化盛期喷施5%卡死克乳油2000倍液，或5%锐劲特悬浮剂1500倍液。低龄幼虫盛期喷施50%潜蝇灵可湿性粉剂2000~3000倍液，或75%潜克可湿性粉剂5000~8000倍液，5~7天防治1次，连续防治2~3次。天敌发生高峰期，宜选用1%杀虫素1500倍液或0.6%灭虫灵乳油1000倍液喷施。

（4）生物防控。保护和利用释放姬小蜂、反颚茧蜂、潜叶蜂等天敌。

核桃潜叶蛾为害状

桃蛀螟的防治

桃蛀螟又称桃蛀虫、桃食心虫、桃蛀野螟、桃实螟，蛀果害虫。

1.为害特点

幼虫蛀入核桃外果皮内，外表留有蛀孔。果实受害后从蛀孔流出黄褐色透明胶汁，常与幼虫排出的黑褐色粪便混在一起，黏附于果面。桃蛀螟幼虫有任意转果危害的习性，1头幼虫蛀毁3~8粒果实。

2.发生规律

桃蛀螟成虫4月中旬出现，8月中旬飞到核桃树果实上产卵，卵散产于果实赤道部、果蒂等处。8月下旬初孵幼虫开始蛀食危害果实，幼虫危害期一直持续到9月中旬果实成熟采摘结束。

3.防治方法

（1）农业防治。及时清除虫害落果、自然落果、果皮、枯枝落叶及田间杂草，集中烧毁。冬季刮除树皮上虫卵，树干涂白，耕翻园地。冬季修剪疏除过密枝、细弱枝、交叉枝，培养通风透光树冠。

（2）物理防治。在集中区域装设黑光灯，或用糖醋液诱杀成虫。捡拾落果，摘除虫果，集中深埋以消灭幼虫。

（3）化学防治。幼虫最佳防治时期是8月下旬至9月上中旬，每隔10天喷药1次，连续3次。药剂交替使用如高效低毒的菊酯类以及50%杀螟松1000倍液，或40%乐果1200~1500倍液、或50%辛硫磷1000倍液喷雾防治。采摘果实前1个月禁止使用农药。

桃蛀螟幼虫

花椒主要栽培品种简介

1. 梅花椒

又叫五月椒、贡椒等，树体矮化，树势强；结果早，丰产性强，果皮干制率高。果实成熟后，具有粒大肉厚、油重丹红、芳香浓郁、醇麻适口等特点，品质极佳。农历五月中下旬成熟，内果皮极薄，颜色金黄，成熟开裂后形似梅花，在北魏时期，曾作为皇宫的贡品，因而得名。

2. 大红袍

又叫六月椒、大红椒、早椒等，树势旺盛，生长迅速；树姿半开张，树冠半圆形；叶色浓绿，厚而有光泽；结果早，高产稳产。果实艳红色，果柄短，果穗紧密；果皮近梅花椒，色略暗，品质上乘。农历六月初由低向高逐渐成熟。全国大部分花椒产区均广泛栽培，并形成了许多不同的生态类型。

梅花椒

武都大红袍

3. 二红袍

又叫七月椒、大红椒、油椒等，树势中庸，分枝角度大，树姿开张。叶片较薄，叶色也较大红袍浅。结果较早，产量高而稳定。果实红色，果穗松散，果柄较长较粗，果皮暗红色，麻味较重，但略带膻味，品质中上。农历七月初由低向高逐渐成熟，抗逆性强于大红袍。

二红袍

八月椒

4.八月椒

又叫枸椒、洋椒等，树势旺盛，生长健壮，树姿开张；叶片较薄较小，结果能力差；果实淡红色，果穗松散、稀疏，采摘困难；果皮薄，膻味重，品质差；抗逆性极强，是优良的砧木品种。因农历八月成熟而得名。全省各花椒产区均有栽培，但因经济效益差而逐步被淘汰。

花椒实生苗繁育技术

秋播用种子应进行选种和脱脂处理，春播用种子一般不进行脱脂处理，选种后直接沙藏。

1. 育苗地选择及处理

（1）圃地选择。育苗地应选择避风向阳、排水良好、土壤深厚肥沃、透气性好的沙壤土，最好接近建园地和村社，并且交通方便。

（2）圃地处理。苗圃地播种前要于伏天全面翻耕，清除草根石块，晾晒半月后，耙平耙细，达到平、松、匀、碎。

（3）施肥。苗圃地所用肥料应该以长效性的各种农家肥和不易被土壤固定的硫酸铵、磷酸二铵等为主，农家肥必须充分腐熟。每公顷用农家肥6万~7万千克，并配施磷酸二铵或过磷酸钙150~250千克。使用过磷酸钙，必须同农家肥一起沤制，增强其肥效。在土壤翻耕前，将肥料均匀撒在地面，然后翻耕。

（4）杀虫灭菌。播种前，在土壤翻耕时，每公顷用5%西维因粉剂60千克左右均匀喷粉，进行杀虫。耙平土壤后，约1周后喷洒1%~3%的硫酸亚铁溶液，进行灭菌处理。

（5）做床。苗床一般宽1米，长度随地块而定，床间留30厘米宽的步道。

育苗地整地

做床播种

播种后覆沙

播种后覆草

2. 育苗时间

一般为春播、秋播和随采随播三种。

(1)随采随播：待果实采集后，将果实连同种子一起播种于育苗地内。常用于八月椒、野生花椒等培育砧木苗。

(2)春播：在土壤解冻后，即惊蛰一春分之间进行。适宜于春季降雨较多、土壤湿润的地方或无灌溉条件的山地育苗。

(3)秋播：在土壤封冻前的9~11月均可进行。

3. 播种方法

有撒播和条播两种，一般育实生苗用撒播，育砧木苗用条播，以便于嫁接。每亩用纯净种子20~30千克，播后覆盖2~3厘米的细土或河沙。干旱或无灌溉条件的育苗地，播后可以用覆草或覆膜的方法保墒。但要注意的是，覆膜时苗床必须低于地面5~10厘米，以免出苗时产生灼苗。

4. 播后管理

播种后，有条件的，要及时灌水。秋播或低床育苗时，遇雨应及时排水。苗木出土后，应及时施肥、松土锄草、防治病虫。

培育的砧木苗

花椒嫁接苗繁育技术

1. 接穗选择

采穗树最好就近选择地势向阳、生长健壮、品质纯正、无病虫害的10年生左右的梅花椒、大红袍结果树，选择生长充实、皮刺较少的发育枝作为接穗。

2. 接穗采集与保存

花椒春季嫁接，接穗在1月底左右采集。采集后立即剪成20厘米、保留4~6个饱满芽的枝段，分品种扎捆，保鲜膜包裹，0℃~5℃低温保存。数量较少时可以贮藏于家用电冰箱冷藏室内备用，数量较大时，可用湿沙或湿土埋入地窖中保存。贮藏期间应经常检查，谨防接穗萌芽或发霉。

夏季嫁接接穗采集

3. 砧木品种选择及处理

夏季嫁接接穗最好随采随接，选用当年生带有饱满芽的枝条，留叶柄剪去叶片备用。需储藏的装入塑料袋放在低温、避光的地方。

砧木最好选用生长健壮的中龄八月椒采种育苗。二红袍（七月椒）和长把子椒也可以作为砧木。

春季嫁接无需提前处理砧木。嫁接时，在距地面30厘米处直接断头，并除去20厘米左右处的皮刺。

夏季嫁接应在接前一周左右，将砧木嫁接区以下的皮刺、叶片和侧枝全部除去，同时进行一次追肥，有条件的还可进行一

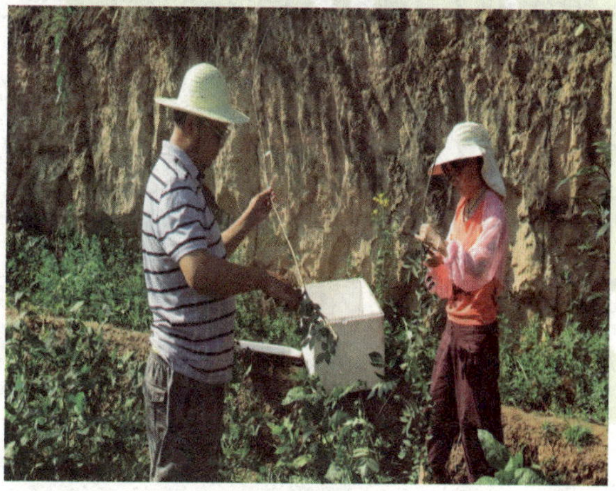

春季嫁接穗采集

次灌水，没有灌溉条件的，最好选在降雨后土地湿润时嫁接，有利于提高嫁接成活率。嫁接时，在嫁接区上方10厘米处剪砧，并在嫁接区以上留一片叶子，剪去其余的叶片。

4.嫁接方法

用嵌芽接法速度快、成本低、成活率高，嫁接时间为：春季3月中旬~4月中旬、

嵌芽接

夏季6月下旬~8月中旬。方法是：倒拿接穗，在接芽的上方2厘米左右下刀，斜向下削，在接芽背面略带木质，通过芽点，然后在芽下1厘米左右45° 角处斜削一刀，成楔形芽片；在砧木离地面15~20厘米高处，选光滑的一面，斜向下削一刀，上浅下深，长约3厘米，略带木质部，最后再在下部成45° 角斜削一刀，取下削片（削面大小与接芽基本一致）；迅速取下削好的芽片，嵌入砧木接口，对齐形成层（砧木削面大于接芽时，对齐一面形成层）；最后用塑料条自下向上留芽扎紧。

5.接后管理

接后及时除萌；10天前后注意观察，及时补接；接芽萌发后，即可解除绑扎条，并在接口上方1厘米左右剪砧；新梢长到30厘米时，及时摘心；同时进行中耕锄草、合理施肥、病虫害防治等工作。

花椒园整地技术

1.新建椒园整地

干旱少雨的地方，应提前在雨季来临前整地；降雨较多、土地条件好的地方或雨季栽植时，可以一边整地一边栽植。一般整块建园时用块状整地，地埂栽植用穴状整地或带状整地，荒山荒坡用反坡梯田或鱼磷坑整地。

块状整地：适应于面积较大、土地条件较好的地块。将用于建园的整块土地施足底肥，深耕耙平，定植穴规格：60厘米×60厘米×60厘米。

穴状整地：适用于地埂栽植，或者零星栽植。距埂边60厘米，开挖60厘米×60厘米×60厘米的栽植穴，将表、心土分开堆放。

带状整地：适用于坡度较大、土地条件较差的地块。以设计好的行距为依据安排带心距，开挖宽1米、深30厘米的栽植带，栽植时在带内按株距挖定植穴。坡地沿等高线开挖，平地依地块形状，最好是沿东西走向开挖。

反坡梯田：适用于地势平缓的荒坡建园。坡面宽1~3米，外高内低，依等高线开挖，栽植时将定植穴安排在梯田外部。

鱼磷坑：适用于地形复杂、条件较差的荒山荒坡。依设计好的株行距修筑直径1~1.5米的形似鱼鳞的半圆形土坎，定植时再开挖定植穴。

块状整地

更新园地清理

2.老园、病毁园更新整地

(1)时间及程序。早春进行园地清理,并进行第一次土壤消毒处理;至少一个月之后,进行园地土壤整理,并进行第二次土壤消毒处理。春季更新在第二次土壤消毒后即可进行。最好采用夏季(雨季)或秋季更新,园地土壤歇耕或种植农作物倒茬,预防效果更好。

(2)园地清理及消毒。为了彻底清除病源,建立高规格的椒园,对更新园地特别是病毁园的枯树老桩,连同零星尚有结果能力的椒树,于春季前连根一起挖除,及时运离现场或焚烧后挖坑填埋。同时,彻底清除园地内的枯枝落叶和杂草,并集中焚烧填埋。

因花椒老园特别是病毁园更新后,如不进行土壤消毒处理,花椒早期死亡现象严重。完成清园工作后,开挖的树坑不进行回填,维持原状,全园均匀喷洒一次石硫合剂原液,进行土壤消毒。

(3)园地整理及消毒。更新园地采用块状整地。首先将经过消毒处理的树坑打碎土块,进行回填整平,然后全园深耕耙平。翻耕后,再用70%甲基托布津可湿性粉剂500倍液或石硫合剂原液全园消毒。

(4)定植穴开挖及消毒。更新园定植采用大穴,定植穴规格:80厘米×80厘米×60厘米。开挖时,将表土和心土分开堆放。栽植前,先将10千克农家肥与心土搅拌均匀,再用70%甲基托布津可湿性粉剂500倍液消毒后,搅拌回填。

花椒园苗木的准备和栽植

1. 苗木准备

（1）品种选择与搭配

品种选择以大红袍等早熟优质品种为主，栽培面积较大时，栽培适量二红袍，以解决采摘劳动力不足的问题。同时，建议保留少量的八月椒等抗逆性较强的品种作为砧木品种，以便于培育嫁接苗。

（2）苗木准备

一般自栽苗木应随起随栽，面积较大或距离较远时，可在前一天下午起苗。起苗时，应尽量多带毛根。苗木起出后，首先挑出符合标准的苗木，剪齐断根，以50厘米左右高度定干，剪除多余枝条；除雨季栽植外，春秋两季最好用混有保水剂或生根粉的泥浆蘸根后，以50或100株扎捆。运输距离较远时，应用湿麻袋遮盖或包裹。

2. 栽植

（1）栽植密度。一般地埂椒株距3米左右为宜；整块建园株行距采用2米×3米、3米×4米，依据地力条件、栽培管理水平选择。建议采用2米×3米株行距，待接近郁闭时，隔株间伐，变为4米×3米。

（2）栽植时间。春、夏（雨季）、秋三季均可栽植。春植适合于海拔较高、降雨较多的地方；雨季栽植适合于小数量或补植；秋季栽植适合于大部分产区。

新起苗蘸根处理

栽植前放线打点

(3)栽植方法。花椒栽植,概括说,要做到"大坑、大肥、适水"。栽植穴不小于50厘米×50厘米×50厘米,并用足量农家肥与表土混匀回填后,再填入心土,待栽好苗木后,浇适量的定根水。建议使用保水剂。注意:混肥土壤不要直接与根系接触,以免烧根;待水分渗完后,覆土保墒,并在树干根茎处堆一个圆锥形的小丘,减少根腐病的发生。

定植建园

花椒嫁接换优技术之品种选择、砧木处理和芽接技术

1.品种选择

接穗宜选用大红袍等优良品种。砧木最好是生长健壮的中幼龄八月椒、二红袍(七月椒)等抗逆性较好的品种。

2.砧木处理

春季嫁接无需提前处理砧木,嫁接时,按大小和原树冠的从属关系确定嫁接位置和数量。幼龄树在距地面30~40厘米处直接断头,结果树则要多头高接,枝接在距离分叉15厘米左右光滑处断头,嵌芽接在距离分叉15厘米左右光滑处除去周围皮刺,在离嫁接部位10厘米左右断头。

夏季嫁接砧木处理

夏季嫁接应在接前一周左右,将砧木嫁接区周围12~14厘米范围内的皮刺、叶片和侧枝全部除去,同时进行一次追肥,有条件的还可进行一次灌水,没有灌溉条件的,最好选在降雨后嫁接,有利于提高嫁接成活率。嫁接时,剪去嫁接区以下的侧枝和叶片,在嫁接区上方10厘米左右处剪砧。

3.芽接

(1)嫁接时间。春季嫁接3~4月均可进行,但以3月下旬到4月中旬最好;夏季从6~9月均可进行,但以7月中旬到8月上旬最好。

接穗采集

接穗处理

嵌芽接方法高接换优

(2)接穗采集与保存。花椒春季嫁接,接穗采集时间不同,嫁接成活率差距明显,采集过早,保存时间长,接穗容易失水,影响嫁接成活率;采集时间过晚,芽萌动后,嫁接成活率下降明显。12月~3月初均可采集接穗,但以12月底为宜,嫁接成活率最高,如果考虑贮藏成本,尽量缩短贮藏时间,也可在1月底左右采集。采集后立即剪成20厘米左右、保留4~6个饱满芽的枝段,按品种扎捆,保鲜膜包裹,0℃~5℃低温保存。数量较少时可以贮藏于家用电冰箱冷藏室内备用,数量较大时,可用湿沙或湿土埋入地窖中保存。贮藏期间应经常检查,谨防接穗萌芽或发霉。

夏季嫁接接穗最好随采随接,选用当年生带有饱满芽的枝条,留叶柄剪去叶片备用。需储藏的装入塑料袋放在低温、避光的地方。

(3)嫁接方法。嵌芽接:在砧木嫁接区选择平滑处,除去周围皮刺;倒拿接穗,在接芽的上方2厘米处下刀,斜向下削,通过芽点,然后在芽下45° 角斜削一刀,成楔形芽片(接芽略带木质,大小与砧木削面基本一致);在砧木处理好的嫁接区,选光滑的一面,斜向下削一刀,上浅下深,长约3厘米,略带木质部,最后再在下部成45° 角斜削一刀,取下削片;迅速取下削好的芽片,嵌入砧木接口,对齐形成层;最后用塑料条自下向上留芽扎紧。

花椒嫁接换优技术之枝接技术

1. 嫁接时间

花椒枝接适宜春季嫁接，3~4月均可进行，但以3月中旬到4月中旬最好。

2. 接穗采集处理及储存

枝接选择壮龄结果树上一年生向阳的健壮枝条作为接穗，接穗长10~15厘米，带2~3个饱满芽。接穗采集后最好进行蜡封处理，可以防止水分蒸发，节省其他保湿材料，提高嫁接效率，且嫁接成活率大大提高。

将石蜡10份、蜂蜡1份放入容器（铝锅、铁锅均可），用火加热使蜡熔化，在蜡液中插入温度计，控制蜡液温度为100℃~110℃。可用夹子或筷子夹住接穗浸入蜡液中迅速蘸一下，甩掉表面多余的蜡液，使整个接穗表面包被一层薄而透明的蜡膜。注意蜡液温度不能过高或过低。温度过高（高于120℃）容易将接穗烫伤，这时可将容器撤离热源降温。温度过低（低于80℃），蜡液变黏稠，蘸后蜡膜过厚发白，既浪费蜡，又会在存放和运输中稍一晃动，蜡膜容易龟裂脱落。蜡封后可将接穗堆放在气温10℃以下，背阴、潮湿的室内，上面盖上塑料布蒙严即可；也可用湿沙或湿土埋入地窖中保存。贮藏期间应经常检查，谨防接穗萌芽或发霉。

3. 嫁接方法

单芽切接：选砧木断面光滑的一侧垂

削接穗

单芽切接

插皮接

插皮接方法高接换优

直切一刀，长约3厘米；在接穗下部削一个长3厘米的长削面，背面再削一个半厘米的短削面；然后，将接穗长削面向里，插入砧木切口中，对齐形成层；最后用塑料条扎紧。若接穗没有蜡封，用薄地膜条留芽包严接穗。

插皮接：选砧木断面光滑的一侧，横削一个宽约1~2厘米的月牙状斜面，在其边缘皮层上沿插穗点向下纵划一刀，深达木质部，长3厘米，用刀尖将树皮两边轻轻挑开。将接穗下端削成一个长约5厘米左右的马耳形削面，深达枝粗的2/3，在削面背面末端两侧各削一刀，使接穗下端呈箭头状，并轻轻削去削面两侧的蜡层及少许皮层，接穗削面朝着木质部，插入接穗，上端露白0.3~0.5厘米，然后用塑料条绑紧即可。若接穗没有蜡封，用薄地膜条留芽包严接穗。

花椒嫁接换优技术之接后管理技术

补接：接后10天左右，应注意及时观察，若接穗没有成活，在嫁接适宜期，应及时补接，如果过了嫁接期，每个接头可保留1～2根生长健壮的萌条，以备将来补接。

除萌蘖：嫁接后，在接穗萌发前，砧木上极易出现大量萌蘖，应及时彻底抹除，以免和接穗竞争养分。

解绑：当新梢长至15~20厘米以上时，要及时松开绑缚物，以防出现缢痕。当新梢长至50厘米以上时，即可解除绑缚物，以防接口处出现“蜂腰”，影响新梢生长和接口愈合。解除绑缚物时，要错开接穗将其划断，不要划伤愈伤组织。

绑防风柱：嫁接后新梢生长迅速，而接口愈伤组织很嫩，新梢极易被风吹折。当新梢长至20~30厘米以上时，应在砧木上绑缚1.0~1.5米长的木棍，采用“∞”形活绳扣把新梢绑在支棍上，随着新梢生长，应绑缚2~3次。

加强管理：嫁接成活后，根据生长情况，及时进行中耕锄草、合理施肥、病虫害防治等日常管理工作。

除萌蘖

花椒园地深翻改土技术

1.土壤深翻时期

深翻改土在春、夏、秋季都可进行，春翻在土壤解冻后及早进行。春旱严重时，需及时灌水，才能收到良好的效果。夏翻要在雨季降第一场透雨后进行，特别是一些没有灌溉条件的山地，可使根系和土壤密结，效果较好；秋季一般在果实采收后至晚秋进行，也可结合秋施基肥进行，深翻后经过冬季，有利土壤风化和积雪保墒，故这是有灌溉条件椒园较好的深翻时期。但在冬季严寒、空气干燥的地区，以在夏季深翻为好，但要注意少伤根和多灌水，否则容易造成落叶。

2.土壤深翻方法

深翻土壤的深度与立地条件、树龄大小及土壤质地有关，一般为50~60厘米，比根系主要分布层稍深为宜，土层薄的山地，下部为风化的岩石或土质较黏重的要适当深一些；否则可浅一些。深翻改土的方法有以下几种。

（1）穴盘深翻。自定植穴边缘开始，每年或隔年向外扩展50~150厘米、深50~100厘米的环状沟，把其中的沙石、劣土掏出，填入好土和有机质。这样逐年扩大，至全园翻完为止。

（2）隔行或隔株深翻。即先在一个行间深翻留一行不翻，第二年或几年后再翻未翻过的一行。若为梯田，一层梯田一行树，可以隔2株深翻一个株间土壤。这种方法，每次深翻只伤半面根系，可避免伤根太多对椒树生长不利。

（3）里半壁深翻。山地梯田，特别是较窄的梯田，外半部土层较深厚，内半部多为硬土层，深翻时只翻里半部，从梯田的一头翻到另一头。把硬土层一次翻完。

（4）全园深翻。除树盘下的土壤不翻外，一次全面深翻。这种方法因为一次完成，便于机械化施工和平整土地，只是容易伤根过多。因此，多用于幼龄椒园。

（5）带状深翻。主要用于宽行密植的椒园。即在行间自树冠外缘向外逐年进行带状深翻。

不论何种深翻方法，其深度应根据地势、土壤性质而定。

深翻时表土与心土分别放置，填土时表土填底部和根的附近，心土铺在上面，以利熟化，沙地几十厘米深有黏土层（淤土、胶泥板）时，应将此层打破，把沙土翻下与土或胶泥拌合。

深翻时最好结合施入有机肥以改良土壤结构和提高肥力。下层可施入秸秆、杂草、落叶等，上层可施入腐熟的有机肥和土拌合填入。深翻时要注意保护根系，少伤粗1厘米以上的大根，必需避免根系暴露时间太久，造成冻害。粗大的断根最好将断面剪平，以利愈合。

全园深翻

花椒园地松土除草技术

1. 中耕除草

中耕除草常因树龄、间作物种类、天气状况等而不同。一般进行第一次锄草和松土应在杂草刚发芽的时候。锄草松土的时间越早，以后的管理工作就越容易。第二次锄草松土应在6月底以前。在椒树栽植后的前几年内，特别要重视锄草松土，第1年是4~5次、第2年是3~4次、第3年是2~3次、第4年是1~2次。在杂草多，土壤容易板结的地方，每下过一场雨后，就应松土1次。所以中耕松土的次数，还要按照当地具体情况而定，特别是春旱时以及灌水或降水后，均应及时中耕。因而在生长期要做到“有草必除，雨后必除，灌水后必除”。实行间作的椒园，中耕次数和时间，还应根据作物的需要，给予及时调整。

2. 覆盖法除草

在北方花椒产区，春季干旱，对花椒新梢生长和开花坐果影响很大。此时，若无灌溉条件，防旱保墒显得尤为重要。防旱保墒的措施很多，除整修梯田、深翻改土、加厚土层、中耕除草以外，一些管理较好的

中耕除草

椒园，采用地面覆盖的方法，避免阳光对椒园地面的直接照射，有效减少地面蒸发。

地面覆盖以覆草效果最好，覆草一般可用稻草、谷草、麦秆、绿肥、山地野草等。覆盖厚度约为5厘米左右，覆盖的范围应大于树冠的范围，盛果期则需全园覆盖。覆盖后，隔一定距离压一些土，以免风刮，等果实采收后，结合秋耕将覆盖物翻入土中，然后重新覆盖或在间作作物收获后，即把所有庄稼秸秆全部打碎铺在地里，使其腐烂。以增加土壤有机质，改善土壤结构。

3.药剂除草

化学除草剂的种类很多，性能各异，根据其对植物作用的方式，可分为灭生性除草剂和选择性除草剂。灭生性除草剂对所有植物都有毒性，如五氯酚钠、百草枯等，花椒园禁用。选择性除草剂是一定剂量范围内，对一定类型或种属的植物有毒性，而对另一些类型或种属的植物无毒性或毒性很低，如扑草净、利谷隆、茅草枯等。所以使用除草剂前，必须首先了解除草剂的效能、使用方法，并根据椒园杂草种类对除草剂的的敏感程度及忍耐性等决定使用除草剂的种类、浓度和用药量。

无公害花椒园禁止使用除草醚和草枯醚，这两种除草剂毒性残效期长，有残留。

花椒园地覆盖技术

1. 树盘覆膜

早春土壤解冻后灌水，然后覆膜，以促进地下根系及早活动。做法为：以树干为中心做成内低外高的漏斗状，要求土面平整，覆盖普通农用地膜，使膜土密接，中间留1孔，并用土将孔盖住，以便渗水，最后将薄膜四周用土埋住，以防被风刮掉。树盘覆盖大小与树冠相同。

覆盖地膜能减少土壤水分散失，提高土壤含水率，又提高了土壤温度，使花椒树地下、地上活动提早。在干旱地区地膜覆盖对树体生长的影响效果更显著。

2. 园地覆草

在春季花椒树发芽前，树下浅耕1次，然后覆草10~15厘米厚。低龄树因考虑作物间作，一般采用树盘覆盖。而对成龄花椒园，已不适宜间作作物，一般采用全园覆盖，以后每年续铺，保持覆草厚度。适宜作覆盖材料的品种很多，如厩肥、落叶、作物秸秆、锯末、杂草、河泥或其他土杂肥混合而成的熟性肥料等。原则是“就地取材，因地而异”。

花椒园连年覆草有多重效益。一是覆盖物腐烂后，表层腐殖质增厚，土壤有机质

椒园覆草

含量以及速效氮、速效磷量增加，明显地培肥了土壤；二是平衡土壤含水量，增加土壤持水功能、减小径流、减少蒸发、保墒抗旱；三是调节土壤温度，4月中旬0~20厘米深处的土壤温度，覆草比不覆草平均低0.5℃左右，而冬季最冷月1月份平均高0.6℃左右，夏季有利于根系的正常生长，冬春季可延长根系活动时间；四是增加根量，促进树势健壮，其覆草的最终效应是花椒树产量的提高。

花椒园覆草效应明显，但要注意防治鼠害。

3. 种植绿肥

成龄花椒园的行间，一般不宜间作作物。如果长期采用“清耕法”管理，即耕后休闲，土壤有机质含量将逐渐减少，肥力下降，同时土壤易受冲刷，不利于花椒园的水土保持。花椒园间作绿肥，提高土壤肥力的功效，并达到以园养园的目的。

种植绿肥

花椒园间作技术

椒园间作农作物

椒园间作育苗

幼龄花椒园株行间空隙地多，合理间种作物可以提高土地利用率，增加收益，以园养园。成年花椒园种植覆盖作物或种植也属花椒园间作，但目的在于增加土壤有机质，提高土壤肥力。

花椒园间作的根本出发点，在考虑提高土地利用率的同时，要注意有利于花椒树的生长和早期丰产，且有利于提高土壤肥力。切莫只顾间作，不顾花椒树的死活。

花椒园可间作蔬菜、花生、豆科作物、薯类、中药材、绿肥、花卉育苗等低杆作物，也可以轮换行间育苗；不可间作高粱、玉米等高杆作物以及瓜类或藤本等攀缘植物。同时间作的作物不能有与花椒树相同的病虫害或中间寄主。长期连作易造成某种作物病原菌在土壤中积存过多，对花椒树和间作作物生长发育都不利，故宜实行轮作和换茬。间作形式1年1茬或1年2茬均可。为缓和间种作物和花椒树的肥水矛盾，树行上应留出1米不间作的营养带。

花椒合理施肥技术

1.施肥种类及时间

(1)基肥:基肥主要以迟效性农家肥为主,施用时期分为秋施和春施。春施时间在解冻后到萌芽前。秋施在花椒树落叶前后,即秋末冬初结合秋耕或深翻施入,以秋施效果最好。此时根系尚未停止生长,断根后易愈合并能产生大量新根,增强了根系的吸收能力,所施肥料可以尽早发挥作用。地上部生长基本停止,有机营养消耗少,积累多,能提高树体贮存营养水平。增强抗寒能力,有利于树体的安全越冬,能促进翌年春季新梢的前期生长,提高坐果率。花椒树施基肥工作量较大,秋施相对是农闲季节,便于进行。

环状沟施肥

(2)追肥:追肥主要以速效肥即化肥为主。在施基肥的基础上,为了保证当年丰产并为翌年丰产奠定基础,根据花椒各物候期的需肥特点,进行追肥。追肥在一个生长期内不得少于两次,第一次在花蕾膨大到开花期,以促进树体营养生长和提高坐果率。第二次在花椒成熟前一个月施,以提高花椒果实品质,保障来年丰产。

2.施肥量

花椒树一生中需肥情况,因树龄的增长、结果量的增加及环境条件变化等而不同。依据土壤肥力水平、树体生长状况及花椒树不同时期对养分的需求变化来确定施肥量。一般山地、丘陵、沙地花椒园土壤

叶面喷施

瘠薄，施肥量宜大。土壤肥沃的平地花椒园，养分含量较为丰富，可释放潜力大，施肥量可适当减少。

花椒园施肥还受树龄、树势、地势、土质、耕作技术、气候情况等方面的影响，一般原则是：有机肥料、无机肥料要含量搭配，幼树以氮肥为主，成年树在施氮肥的同时，注意增施磷、钾肥。据各地丰产经验，施肥量依树体大小而定，随着树龄增大而增加。一般中等肥力的园地，2~5年生树，株施农家肥10~15千克、磷肥0.3~0.5千克、硫酸铵0.2~0.3千克；6~8年生树，株施农家肥15~25千克、磷肥0.5~0.8千克、硫酸铵0.5~1.0千克；9年生以上盛果树，株施农家肥25~50千克、磷肥0.8~1.5千克、硫酸铵1.0~1.5千克。其中基肥用量占80%~90%，追施用量占10%~20%。施肥量应灵活掌握，土壤肥沃、树体健壮的，可以少施，土壤瘠薄、树势较弱的，应该多施。

3.施肥方法

施肥方式有基肥和追肥两种。施肥方法主要为土壤施肥，根外追肥一般只用于矮密丰产园。基肥应结合土壤翻耕、灌水进行。第一次追肥结合第一次松土除草进行，第二次追肥结合伏天除草进行。具体讲，基肥用环状沟施法为好。追肥用环状沟施法、放射状沟施法、条状沟施法或穴状施法。矮密丰产园第三次追肥用叶面喷施的方法根外追肥为好，用量为：尿素0.3%~0.5%，过磷酸钙0.5%~1%，硫酸钾0.2%~0.3%，均匀喷遍全树。

花椒园水分管理技术

1.灌水时期

花椒一年中灌水的关键时期是萌芽期、坐果期、果实膨大期、封冻期4个时期。在气温较高、土壤比较干旱的夏季，需视情况及时补充灌水。7月份以后视降水情况，尽量少灌水。在夏季天热时应选择早晚灌水，不宜中午或下午灌水，否则会因突然降温而导致根系吸水功能下降，造成花椒生理干旱而死亡。多雨地区可不灌水，保持土壤水分以中午树叶不萎焉，秋稍不旺长为宜，有利于营养物质的积累，促进花芽分化。

2.灌水方法

(1)行灌：在树行两侧，距树各50厘米左右修筑土埂，顺沟灌水。行较长时，可每隔一定距离打1横渠，分段灌水。该法适于地势平坦的幼龄椒园。

(2)分区灌水：把花椒园划分为许多长方形或正方形的小区，纵横做成土埂，将各区分开，通常每一棵树单独成为1个小区。小区与田间主灌水渠相通。该法适于花椒树根系庞大、需水量较多的成龄花椒园，但极易造成全园土壤板结。

(3)树盘灌水：以树干为中心，在树冠投影以内的地面，以土作梗围成圆盘。稀植的平地花椒园、丘陵区台地及干旱坡地花椒园多采用此法。稀植的平地花椒园，树盘可与灌溉沟相通，水通过灌溉沟流入树盘内。

(4)穴灌：在树冠投影的外缘挖穴，将水灌入穴中。穴的数量依树冠大小而定，一般为8~12个，直径30厘米左右，穴深以不伤根为准，灌后覆土还原。干旱地区的灌水穴可不覆土而覆草。此法用水经济，浸湿根系范围的土壤较宽而均匀，不会引起土壤板结，在干旱地区尤为适用。

(5)环状沟灌：在树冠投影的外缘修一条环状沟进行灌水，沟深宽均为20~25厘米。适宜范围与树盘灌水相同，但更省水，尤其适用树冠较大的成龄花椒园。灌毕封土。

3.覆盖保墒

干旱山地，采用引集雨水和树盘覆盖措施是蓄水保墒、减少土壤水分散失的有效方法。一般在树盘下或树行内覆盖作物秸秆如麦草等覆盖物，有条件时覆盖地膜，效果更好。覆盖范围主要在树冠投影下，也可适当向外扩展。秸秆覆盖厚度为10~20厘米。覆盖用秸秆要干净，注意不能带有病菌、虫卵或杂草种子。秸秆腐烂后，应尽快翻入土壤，重新覆盖。

4.排水

短期内大量降水，连阴雨天都可能造成低洼花椒园积水，致使土壤水分过多，氧气不足，抑制根系呼吸，降低吸收能力，严重缺氧时引起根系死亡，在雨季应特别注意低洼易涝区要及时排水。

椒园覆草

花椒修剪时期、方法及主要树形

1. 修剪时期

花椒的整形修剪，一般可分为冬季修剪和夏季修剪两种。从花椒树落叶后到翌年发芽前的一段时间内进行修剪的叫冬季修剪，也叫休眠期修剪。在花椒树生长季节进行的修剪叫夏季修剪，也叫生长期修剪。冬季修剪能促进生长，夏季修剪能促进结果。

2. 修剪方法

（1）短截：短截是剪去一年生枝条的一部分，留下一部分，是花椒树修剪的重要方法之一，也叫短剪。短截依据剪留枝条的长短，常分为轻短截、中短截、重短截和极重短截。

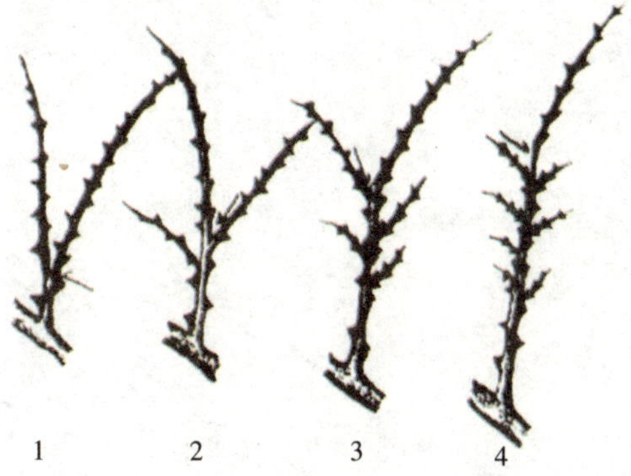

不同程度短截的反应

1. 极重短截 2. 重短截 3. 中短截 4. 轻短截

轻短截：剪去枝条的少部分，截后易形成较多的中、短枝，单枝生长较弱，但总生长量大，母枝加粗生长快，可缓和枝势。

中短截：在枝条春稍中上部饱满芽处短截。截后易形成较多的中、长枝，成枝力高，单枝生长势较强。

重短截：在枝条中、下部短截，截后在剪口易抽生1~2个旺枝，生长势较强，成枝力较低，总生长量较少。

极重短截：截到枝条基部弱芽上，能萌发1~3个中短枝，成枝力低，生长势弱。

摘心：广义上也属于短截的范畴，即生长季节摘去新稍顶端幼嫩部分的措施。可促进花芽分化，提高坐果率，促使果实膨大，提早成熟，并可提高果实的品质。对徒长枝多次摘心，可使枝芽充实健壮，提高越冬能力。

（2）疏剪：又叫疏枝。即把枝条从基部剪除的修剪方法。疏枝造成的伤口，对营养物质运输起阻碍作用，而伤口以下枝条得到根部的供应相对增强，有利于促进生长。

多主枝丛状形树形

自然开心形树形

（3）缩剪：一般是指多年生枝短截到分枝处的剪法，也叫回缩。缩剪可以降低先端优势的位置，改变延长枝的方向，改善通风透光条件，控制树冠的扩大。

（4）甩放：又叫缓放、长放，是对1年生枝不剪的方法。甩放有缓和新稍生长势和减低成枝力的作用。

3.主要树形

（1）多主枝丛状形：无明显主干，直接从干基着生3~5个方向不同、长势均匀的主枝。主枝上着生2个侧枝，侧枝距干基和一、二级侧枝间距均为50厘米左右。结果枝均匀安排在主、侧枝上。

（2）自然开心形：有明显主干，在主干上培育3个上下位置错开的夹角60° 左右的枝条作为主枝，在主枝上再培养2~3个侧枝，就形成了自然开心形树形。

花椒整形修剪的依据

1. 自然条件和栽培技术

整形修剪时，应考虑当地的气候、土肥条件、栽植密度、病虫防治以及管理等情况。一般土层深厚肥沃、肥水比较充足的地方，花椒树生长旺盛，枝多冠大，对修剪反应敏感。因此，修剪适量轻些，多疏剪，少短截。反之，在寒冷干旱、土壤瘠薄、肥水条件不足的山地，花椒树生长较弱，对修剪反应敏感性差。整形修剪时，修剪量稍重些，多短截、少疏剪。

2. 树龄和树势

对幼树的要求，主要是及早成形，适量结果；盛果期的树势渐趋缓和，栽培的要求是高产稳产，延长盛果期年限；衰老期树势变弱，栽培的要求是更新复壮、恢复树势。树势强弱主要根据外围一年生枝的生长量和健壮情况，秋稍的数量和长度，芽的饱满程度和叶痕的表现等来判断。1 年生枝较多而且年生长量大，秋稍多而长，2~3 年生部位中、短枝多，颜色光亮，皮孔突出，芽大而饱满，内膛枝的叶痕突出明显，说明树体健壮。如外围 1 年生枝短而细，春稍短，秋稍长，芽瘦小，短壮枝少，色暗，皮层薄，说明营养积累少，树势较弱。

3. 树体结构

整形修剪时，要考虑骨干枝和结果枝组的数量比例、分布位置是否合理、平衡和协调。如配置分布不当，会出现主、从不清枝条紊乱、重叠拥挤、通风透光不良，各部分发展不平衡等现象，必然会影响正常的生长和结果，须通过修剪，逐年予以解决。

各类结果枝组的数量多少、配备与分布是否适当，枝组内营养枝和结果枝的比例及生长情况，都是直接影响光能利用、影

图：山地椒园

响枝组寿命和高产稳产的因素。对于枝组强弱，结果枝多少，应通过修剪逐年进行调整。

4.结果枝和花芽量

留多少结果枝和花芽量，对不同年龄时期，结果枝和营养枝应有适当比例，幼树期营养枝多而旺，结果枝很少，则不能早结果和早期丰产。成年树结果枝过多而营养枝过少时，消耗大于积累，不利于稳产。老年树结果枝极多，而营养枝极少，而且很弱，说明树势已弱，需要更新复壮。

花芽数量和质量是反应树体营养的重要标志，营养枝茁壮，花芽多，肥大饱满，鳞片光亮，着生角度大而突出，说明树体健壮。而枝梢削弱，花量过多，芽体瘦小，角度小而紧贴枝条，说明树体衰弱。修剪时应根据当地各种条件恰当地确定结果枝和花芽留量，以保持树势健壮，高产稳产。

花椒幼树整形技术

1.自然开心形

(1)定干:栽植后随即定干,通常定干高度30~50厘米。定干时剪口下10~15厘米范围叫“整形带”,要求有6个以上饱满芽,苗木发芽后,及时抹除整形带以下的芽子。如果栽植2年生苗,在整形带已有分枝,可适当短截,保留一定长度,合适时选作主枝。

(2)定植后第1年修剪:在当年萌发的新稍中选3个分布均匀、生长强壮的枝条作主枝。其他枝条采用拉、垂、拿的方法,控制生长,使其水平或下垂生长,作为辅养枝。6月上中旬,主枝长到50~60厘米时摘心,促发二次枝,培养第一侧枝,同级侧枝选在同一方向(主枝的同一侧)。初冬或翌年春季休眠期修剪时,主枝、侧枝均应在饱满芽处下剪,剪口芽均应选留外芽。各主枝应与垂直方向保持60° 左右的夹角,若主枝角度、方位不够理想时,可用左芽右蹬右芽左蹬法或拉、垂等方法进行调整。3主枝外的重叠、交叉、影响主枝生长的枝条一律从基部疏除,不影响主枝生长的可适当保留为辅养枝。

(3)定植后第2年修剪:主枝延长到40~50厘米时摘心,培养第二侧枝,其方向

幼树冬季拉枝

与第一侧枝相反。其他枝条长甩长放，5~6月采用拉、垂的办法使其下垂，或多次轻摘心。初冬或翌年春季休眠期修剪基本同第1年。

(4)定植后第3年修剪：主枝延长到60~70厘米时摘心，培养第三侧枝，其方向与第二侧枝相反，与第一侧枝相同。侧枝上视其空间大小培养中小型枝组。初冬或翌年春季休眠期疏除少量过密枝，短截旺枝。

(5)定植后第4年修剪：对主枝顶端生长点及长旺枝，5月后均进行多次摘心，夯实内膛枝组，初冬或翌年春季休眠期修剪时，对过密枝及多年长放且影响主枝、侧枝生长发育的无效枝进行疏除或适当回缩，即可完成整形。

2. 多主枝丛状形

(1)定植后第1年修剪：栽后随即截干，截干高度约20厘米。在剪口下萌发数芽，长出多个枝条，选择4~5个着生位置理想且布局均匀、生长健壮的枝条作为主枝，其他枝条不疏除，采用撑、拉、别等方法，使其水平或下垂生长。夏季，所留主枝长至60~70厘米时进行摘心。摘心时注意留外边的芽，培养第一侧枝。注意将第一侧枝留在同一方向。初冬或翌年休眠期修剪基本同自然开心形第1年初冬、翌年春修剪方法。

(2)定植后第2年修剪：主枝延长到60~70厘米时摘心，培养第二侧枝，其方向与第一侧枝相反。其他枝条的处理、夏季整形修剪及初冬或翌年春季休眠期修剪参照自然开心形的第2年修剪方法。

(3)定植后第3年修剪：对主枝顶端生长点及长旺枝，5月后均进行多次轻摘心，夯实内膛枝组，初冬或翌年春季休眠期修剪时，对过密枝及多年长放且影响主枝、侧枝生长发育的无效枝进行疏除或适当回缩，即可完成整形。

花椒结果初期树修剪技术

1. 主要任务

花椒从结果开始到第六年形成产量，这一时期是结果初期，主要任务是：适量结果的同时，继续扩大树冠，培育好骨干枝，调整骨干枝长势，有计划地培养结果枝组，处理和利用好辅养枝，调整好生长和结果的矛盾，促进结果，合理利用空间，为稳产高产打下基础。

2. 骨干枝的修剪

根据树体结构，初果期虽然主、侧枝头一般不再增加，延长枝剪留长度应比前期短，一般剪留30~40厘米，粗壮树势旺的可适当留长一点，细弱的可适当短一点。要维持延长枝头45° 左右的开张角度。对长势强的主枝，可适当疏除部分强枝，多缓放，轻短截；对弱主枝，可少疏枝，多短截。

对有生长空间的枝和平缓枝甩放。过旺枝、直立枝通过拉、别、垂等措施，或者进行轻截，培养结果枝组，疏除过密枝、交叉枝，重叠枝去直立，留平斜，并依据空间适度短截。对徒长枝，在幼树整形期间，要严格控制，并在春季尽早抹除。原则是尽量利用，注意观察，灵活采取措施，以扩大树冠为目的，多结果为准则。

3. 结果枝组的培养

结果枝组是骨干枝和辅养枝上的枝群，经过多年的分枝，转化为年年结果的多年生枝。结果枝组可分为大、中、小3种类型。一般小型枝组具有2~10个分枝，中型

先截后放法

先截后缩法

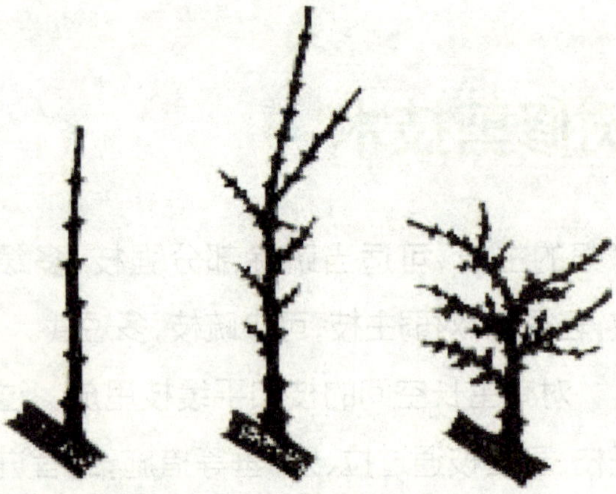

先放后缩法

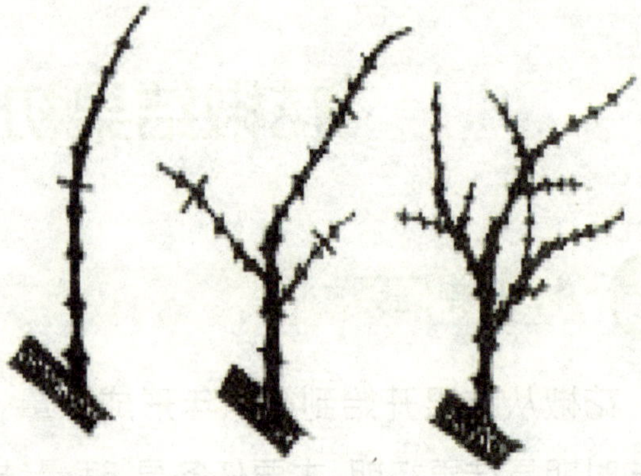

连截再缩法

枝组有分枝10~30个，大型枝组有分枝30个以上。花椒由于连续结果能力强，容易形成鸡爪状结果枝群，所以必须注意配置相当数量的大、中型结果枝组。由于各类枝组的生长结果和所占空间的不同，枝组的配置要做到大、中、小交错排列。

由1年生枝培养结果枝组的修剪方法，常用的有以下几种：

先截后放法：选中中庸枝，第1年进行中度短截，促使分生枝条，第2年全部缓放，或疏除直立枝，保留斜生枝缓放，逐步培养成中、小型枝组。

先截后缩法：选用较粗壮的枝条，第1年进行较重短截，促使分生较强壮的分枝，第2年再在适当部位回缩，培养中、小型结果枝组。

先放后缩法：花椒中庸枝较弱的枝，缓放后很容易形成具有顶花芽的小分枝，第2年结果后在适当部位回缩，培养成中小型结果枝组。

连截再缩法：多用于大型枝组的培养，第1年进行较重短截，第2年选用不同强弱的枝为延长枝，并加以短截，使其继续延伸，以后再回缩。

花椒盛果期树修剪技术

1.主要任务

花椒一般定植6~7年后，开始进入盛果前期。到10年左右，花椒进入产量最高的盛果期。此阶段主要是调节生长和结果之间的关系，修剪的主要任务是维持健壮而稳定的树势，继续培养和调节各类结果枝组，维持结果枝组的长势和连续结果能力，实现树壮、高产、稳产的目的。

2.骨干枝修剪

初期仍以壮枝带头，盛果期后，可用长果枝带头，使树冠保持在一定范围内。同时要适当疏间外围枝，达到疏外养内，疏前促后的效果，以增强内膛枝条的长势。盛果后期，应及时回缩，用斜上生长的强壮枝带头，以抬高枝头角度，复壮枝头。

3.结果枝组的修剪

通过合理短截不断进行结果枝组更新，使大、中、小结果枝组的比例保持在1:3:10的水平，要采取压强扶弱的方法，维持树型。对密集的辅养枝，有空间的通过中截培养成结果枝组，其余疏除。小型枝组及时疏除细弱的分枝，保留强壮分枝，适当短截部分结果后的枝条，复壮树体生长结果能力。中型枝组要选用较强的枝带头，稳定生长势，并适时回缩，防止枝组后部衰弱。大型枝组调整生长方向，控制生长势，把直立枝组引向两侧，对侧生枝组不断抬高枝头角度，采用适度回缩的方法，不使其延伸过长，以免枝组后部衰弱。

4.结果枝的修剪

盛果期树，结果枝一般占总枝量的90%以上。据对盛果期丰产树的调查，在结果枝中，长果枝占10%~15%，中果枝占30%~50%，短果枝占50%~60%，一般丰产树按冠投影面积计算，每平方米有果枝200~250个。结果枝的修剪，应保持一定数量的长、中果枝，以疏剪为主，疏剪与回缩结合，疏弱留强，疏短留长，疏小留大。

5.加强夏季修剪

花椒进入结果期后，常从根茎和主干上萌发很多萌蘖枝。随着树龄的增加，萌蘖枝也愈来愈多，应及时抹除。萌蘖枝多发生在5~7月份，除萌应作为此期的重要管理措施。

盛果期后，特别是盛果末期，内膛常萌发很多徒长枝，要及早处理。凡不缺枝部位生长的徒长枝，应及时抹芽或及早疏除。骨干枝后部或内膛缺枝部位的徒长枝，选择生长中庸的侧生枝，于夏季长至30~40厘米时摘心，冬剪时去强留弱，引向两侧。

盛果期椒树拉枝

花椒放任树改造技术

1. 修剪任务

放任树一般是指种植户不进行修剪，管理十分粗放，任其自然生长的花椒树。放任树的表现是：骨干枝过多、枝条紊乱、先端衰弱、落花落果严重，每果穗结果粒很少，产量低而不稳。放任树改造修剪的任务是：改善树体结构，复壮枝头，增强主侧枝的长势，培养内膛结果枝组，增加结果部位。

2. 放任树的修剪方法

（1）树形的改造：放任树的树形是多种多样的，应本着因树修剪，随枝作形的原则，根据不同情况区别对待。一般多改造自然开心形或自然丛状形。

（2）骨干枝和外围枝的调整：放任树一般大枝（主侧枝）过多。首先要疏除扰乱树形严重的过密枝，重点疏除中、后部光秃严重的重叠枝、多叉枝，一般应有计划地在2~3年内完成，要避免一次疏除过多。影响光照的过密枝，应适当疏间，去弱留强；已经下垂的适当回缩，抬高角度，复壮枝头，使枝头既能结果，又能抽生比较强的枝条。

（3）结果枝组的复壮：对原有枝组，采取缩放结合的方法，在较旺的分枝处回缩，抬高角度，增强生长势，提高整个树冠的有效结果面积。内膛枝组的培养，应以大、中型结果枝组为主。

（4）徒长枝的处理：骨干枝萌发的徒长枝，无用的要在夏季及时除萌。有生长空间的，采用多次摘心的方法有计划地培养成内膛结果枝组。

3. 放任树的分年改造

大树改造的修剪，要因树制宜。第1年

放任树修剪

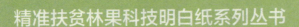

以疏除过多的大枝为主，同时要对主侧枝的领导枝进行适度回缩，以复壮主侧枝的长势。第2年主要是对结果枝组复壮，使树冠逐渐圆满。对枝组的修剪，以缩剪为主，疏剪结合，使全树长势转旺。同时要有选择地利用主侧枝中、后部的徒长枝培养成结果枝组。第3年主要是继续培养好内膛结果枝组，增加结果部位，更新衰老枝组。

4.加强采椒后的树体管理

秋施基肥：秋施基肥种类以农家肥为主，并适量添加化肥掺匀施入。一般结果盛期树，每株施50千克农家肥加0.5千克复合肥，采用开沟施肥法。秋施基肥从9月份开始至落叶前均可进行，但以早施效果为好。

控制旺枝生长：树势较旺，枝条木质化程度较差的这类树，采椒后至9月底，应向树体喷布2次15%的多效唑500倍液~700倍液，喷布的间隔期10~15天。

防治病虫害：采摘花椒后，要及时剪除枯枝和死树，清除椒园落叶和杂草，集中烧毁，减少越冬病原和虫口密度。对曾经受花椒锈病、落叶病和花椒跳甲、潜叶蛾等病虫为害严重的花椒园，果实采摘后应尽快喷布15%粉锈宁1000倍液加水胺磷1000倍液，或50%甲基托布津可湿性粉剂300倍液~500倍液加敌杀死1500倍液。

花椒衰老树修剪技术

1.修剪任务

当树势衰弱，骨干枝先端下垂，出现大枝枯死，外围枝生长很短，都变为中短果枝，结椒部位外移，产量开始下降，即表明花椒进入衰老期。此时修剪的主要任务是：及时而适度地进行结果枝组和骨干枝的更新复壮，培养新的枝组，延长树体寿命和结果年限。

2.更新修剪方法

依据树体衰老程度而定，树体刚进入衰老期时，可进行小更新，以后逐渐加重更新修剪的程度。当树体已经衰老，并有部分骨干枝开始干枯时，即需进行大更新。

小更新：对主侧枝前部已经衰老的部分，进行较重的回缩。一般宜回缩在4~5年生的部位。选择长势强、向上的枝组，作为主侧枝的领导枝，把原枝头去掉，以复壮主侧枝的长势。同时，对外围枝和枝组也进行较重的复壮修剪，用壮枝壮芽带头，以使全树复壮。

大更新：应分期分批更新衰老的主侧枝，在主侧枝1/3~1/2处进行重回缩。回缩时应注意带头枝具有较强的长势和较多的分枝，有利于更新。要充分利用内膛徒长

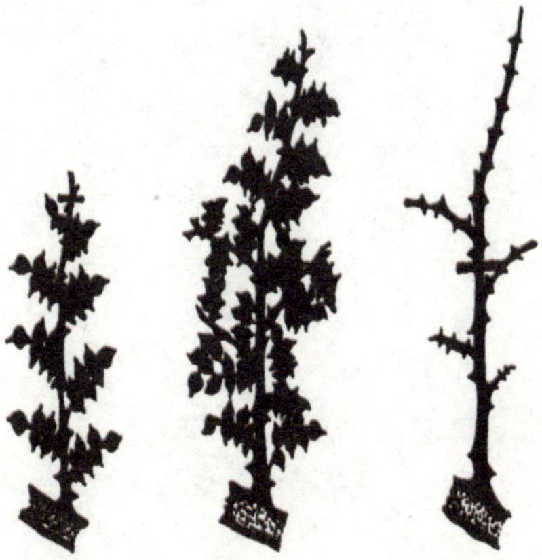

徒长枝处理方法

抬高枝头角度

枝、强壮枝来代替主枝，并重截弱枝留强枝，短截下部枝条留上部的枝条。对外围枝，应先短截生长细弱的，采用短截和不剪相结合的办法进行交替更新。

3. 偏冠树改造

一般放任树的枝干都较直立，应采取撑、拉、别、坠等方法或在修剪时注意留枝条等，使之长出角度大的新枝。还可采用背后枝换头的方法，开张角度，要使开张的角度向偏少方向延伸。充分利用一切可以利用的枝条，扩大偏少部分的树冠，使之尽快达到全树平衡。

4. 根系修剪

在树冠外缘的下垂处，挖1条深、宽各为50~100厘米的环状沟，挖沟时遇到直径1.5厘米粗的根系时将其切断，断面要平滑，以利伤口愈合。根系修剪时期以9月下旬至10月上旬效果较好，有利于断根愈合和新根形成。修根量每年不可超过根群的40%，或以达到1.5厘米粗根系的1/3为宜。

5. 注意事项

要加强肥水管理，促使树势尽快恢复。

修剪时首先剪去干枯枝、过密枝、病虫枝并及时烧毁。

在修剪过程中，一般不要锯大枝。如非锯不可，则锯口一定要平整光滑，并在锯口上涂抹保护剂（接蜡、波尔多液等）。

冬季修剪必须与夏季修剪相互结合，互为补充。

花椒凤蝶的防治

花椒凤蝶又名黄黑凤蝶、柑橘凤蝶、春凤蝶、黄波罗凤蝶、黄纹凤蝶，俗称花椒虎、黄凤蝶等。

1.危害

该虫主要以幼虫啃食花椒叶片和嫩芽，将叶食成缺刻或孔洞，甚至将苗木和幼树叶片全部食光，对椒树生长和结果影响很大。

2.形态特征

成虫：黄绿色，春型体长21~24毫米，翅展69~75毫米，夏型体长27~30毫米，翅展91~105毫米，雄虫较小。前后翅均为黑色，前翅近外缘有8个黄色月牙斑，翅中央从前缘至后缘有8个由小渐大的黄斑，中室有新月形黑色粗横斑两个和4条纵行黄色条纹。后翅近外缘有6个新月形黄斑，基部有8个黄斑。臀角处有一橙黄色圆斑，斑中央有两个黑点，有尾突。触角端部膨大。

卵：球形，直径1.0毫米。初产时为淡白色，后变为深黄色，孵化前为黑色。

幼虫：体长40~48毫米。3龄前体色如同鸟粪，体表生有肉刺状突起。3龄后幼虫黄绿色，后胸背面的蛇眼状纹左右连接成马蹄形。前胸的臭角为橙黄色。腹部有两条黑色细斜线。

蛹：长约30毫米，淡绿色略呈暗褐色，体较瘦，头顶有两个突起，胸部背面有一尖突。

花椒凤蝶成虫

花椒凤蝶幼虫（低龄）

3. 防治方法

(1)人工方法。秋末冬初及时清除越冬蛹。5~10月间人工捕捉幼虫和蛹。也可利用成虫的趋光性，在6~7月份安装黑光灯诱杀成虫。冬季清园，刮除树干上的老翘皮，清除枯枝落叶后，喷洒波美为4度~5度石流合剂。

(2)药剂防治。幼虫发生时，喷洒80%敌敌畏乳油1500倍液，或20%杀灭菊酯3000倍液，或2.5%保得乳油2000倍液，或4.5%高保乳油2500倍液，或3%金世纪可湿性粉剂2500倍液，或16%高效杀得死乳油2000倍液。幼虫大量发生时，可喷4.5%氯氰菊酯乳油3000倍液，或2.5%敌杀死乳油3000倍液，也可喷50%敌百虫1000倍液，或“5%锐劲特”30毫升兑水45千克喷施树冠防治幼虫，成虫产卵期喷2.5%敌杀死乳油3000倍液，或速灭杀丁2000倍液，或50%敌百虫敌百虫800倍液毒杀。

花椒凤蝶幼虫(高龄)

(3)生物防治。

以菌治虫。用7805杀虫菌或青虫菌(100亿/克)400倍液喷雾，或苏芸金杆菌1000倍液~2000倍液，防治幼虫。

以虫治虫。将寄生蜂寄生的越冬蛹，从椒枝上剪下来，放置室内，如有寄生蜂羽化，放回椒园继续寄生，控制凤蝶发生危害。

花椒跳甲的防治

1.主要种类及危害

包括危害花器与果实的铜色花椒跳甲、红胫花椒跳甲、蓝橘潜跳甲和食叶的花椒橘潜跳甲、枸橘跳甲等。主要的有：

铜色花椒跳甲又名铜色潜跳甲，俗称椒狗子、土跳蚤等，主要以幼虫危害花椒聚伞状花序梗和羽状复叶柄、花蕾和嫩果。致使早期脱落，造成花椒减产，甚至绝收。成虫仅危害叶片而且较轻，一般食害叶片造成缺刻或孔洞。

蓝橘潜跳甲又名花椒食心虫、蛀果虫、椒狗子等，一般幼虫蛀食花椒嫩果实，造成早期大量落果，直接影响花椒产量。成虫仅危害叶片，造成缺刻或孔洞。

花椒橘啮跳甲又名花椒跳甲、花椒橘潜跳甲、花椒啮跳甲，俗称金花潜叶虫、红猴子、串椒牛等，以幼虫潜入叶内，取食叶肉，使被害叶片出现块状透明斑，当受害叶片发黄焦枯时继续迁移危害。危害严重时，一般在6月下旬受害椒树叶肉被食尽，椒叶全部焦枯，似火烧一样，致使花椒产量和品质下降。

2.防治方法

（1）人工防治。加强椒园田间管理，于4月底至5月下旬，剪除枯萎的花序、复叶及被害幼果，集中烧毁或深埋土内，消灭幼虫；6月上、中旬在椒园中耕灭蛹；花椒收获后，及时剪下死枝虫枝，清扫树冠下枯枝落叶或杂草，并用刀刮椒树翘皮，集中一起烧毁。冬季之前在树盘下挖沟施肥、灌水，

铜色花椒跳甲成虫

蓝桔潜跳甲成虫

花椒桔啮跳甲幼虫为害状

花椒桔啮跳甲成虫

通过这些措施破坏成虫的越冬场所，消灭越冬成虫。

(2)药剂防治。

树上喷药：4月下旬于花椒现蕾期，越冬成虫出蛰盛期，喷洒40%水胺硫磷乳油，或50%杀螟松乳油1500倍液，或20%杀灭菊脂乳油3000倍液，或2.5%敌杀死乳油2500倍液，或16%高效杀得死乳油2000倍液，或4.5%高宝乳油2500倍液，或2.5%保得乳油2500倍液，或70%艾美乐水分散粒剂10 000倍液。也可选用如下两种高渗透或具有内吸作用的高效低毒农药：3%高渗苯氧威乳油4000倍液~5000倍液，10%除尽悬浮剂1500倍液~1800倍液，可在幼虫孵化盛期(4月中下旬)喷药。

土壤处理：根据成虫在土内越冬的习性，于成虫出土前(4月上、中旬)，先将椒树翘皮用刀刮净，同时将树冠下土壤刨松，然后用25%对硫磷微胶囊剂每公顷7.5千克，加水450千克喷洒到地面，施药后用钉齿耙纵横交叉耙两遍，使药剂均匀混入土内。

以上两种方法结合使用，防治花椒跳甲的效果会更好。

(3)树盘覆膜。花椒跳甲以成虫在花椒树冠下周围土壤表土层7厘米以内越冬，翌年花椒发芽后出土上树产卵。充分应用这一习性，冬季管理结束时，以花椒树行为中线，在树行两侧同时覆膜，宽度以大于树冠垂直投影约30厘米为标准，两侧膜靠近处的地膜重叠部分宽度保持在5~10厘米，并用土压实。覆膜提高温湿度，不利于跳甲越冬休眠和翌年出蛰，有利于花椒树的越冬保暖、保持水分，避免使用农药污染环境，既有增产效应又符合无公害农产品生产的要求。6月20日前后即可撤膜。

花椒天牛的防治

1. 主要种类及危害

包括橘褐天牛、花椒虎天牛、二斑黑绒天牛、黄带黑绒天牛和白芒锦天牛等约18种。主要种类有：

花椒虎天牛，又叫花椒天牛、钻木虫，成虫咬食花椒枝叶，为害较轻，幼虫钻蛀树干，上下蛀食，引起树木枯死，造成花椒减产，为害严重。

黄带黑绒天牛，又叫黄带天牛，俗称钻木虫、木环等，以幼虫蛀食椒树主干和枝条，一般先蛀食枝条、枝干，再钻食主干，后潜入木质部危害，阻碍水分、养料的输送，造成树势衰弱，椒叶变黄，严重者整株死亡。

桑天牛成虫食害嫩枝皮和叶；幼虫于枝干的皮下和木质部内，向下蛀食，隧道内无粪屑，隔一定距离向外蛀1通气排粪屑孔，排出大量粪屑，削弱树势，重者枯死。

2. 防治方法

（1）物理防治。及时收集当年枯萎死亡植株，挖除被害的死树，集中烧毁。对花椒树干茎部及时进行检查，如发现花椒天

花椒虎天牛成虫

花椒虎天牛幼虫

花椒虎天牛蛹

黄带黑绒天牛成虫

牛，应及时找到新鲜排粪孔用细铁丝插入，向下刺到隧道端，反复几次刺死幼虫。利用天牛成虫有假死性的习性，可人工振落捕杀。用手捶杀虫卵和小幼虫。休眠期修剪时，刮除树干茎部的皮刺、翘皮，并进行树干涂白。

（2）生物防治。保护和利用天敌，啄木鸟是天牛的主要天敌鸟类，应保护和利用该鸟对害虫进行自然控制。还有管氏肿腿蜂、周氏啮小蜂、天牛绒茧蜂等天敌。

（3）化学防治。将内吸型和触杀型的杀虫农药配制成高浓度1:200~300倍液，用棉球蘸药液塞入蛀食孔（拔除蛀食孔内堵塞物后进行）、或在虫孔注射100倍敌敌畏药剂，或注入对树无损害的强力灭牛灵乳剂，然后用胶布或泥土封口即可。将碾

黄带黑绒天牛幼虫

桑天牛成虫

桑天牛幼虫

天牛注射防治

细的萘丸粉，包在棉花中塞进孔里，用黄泥封闭虫孔，可杀死花椒天牛。

用已受害严重，无利用价值的花椒枝干为饵料，喷上晶体敌百虫可湿性粉剂1000倍液；成虫期在花椒树干和枝干上喷洒西维因可湿性粉剂1:150倍液，25%溴氰菊酯乳油3500倍液~4000倍液。

花椒桑拟轮蚧的防治

1.危害

以雌成虫和若虫群集椒树枝干上吸食椒树汁液。轻者削弱树势，重者枝条干枯，甚至整株死亡。

2.形态特征

雌蚧壳灰白色，圆形略隆起。腹膜极薄，灰白色，多遗留在枝干上，雄蚧壳白色，长筒形，两侧近平行。成虫雌体宽卵圆形，扁平，淡黄色至橘红色。头、胸、腹合成一体，界限不甚明显，有针状口器。无翅，足消失，腹部分节较明显。雄虫体黄褐色或橘红色。胸部发达，前翅1对，灰白色，透明，后翅特化为平衡棒。腹部尖，末端生有一针状生殖刺，其长度达体长的三分之一。初孵若虫粉红色，扁椭圆形，具眼、触角和足。该期若虫难以分辨雌雄。2龄若虫眼、触角、足和尾毛均已退化，2龄雌若虫体形似雌成虫。2龄雄若虫体形较狭长。

3.防治方法

（1）人工防治。该虫藏身于蚧壳下固定在枝干上取食，因此冬、春用草把、细钢丝刷、硬塑料刷或刀片，刷掉或刮去枝干上的蚧壳虫体。冬季清除枯枝、病虫枝、刮刷枝杆上的越冬幼虫及卵，清除园内枯枝落叶，消除虫源减少虫口繁殖基数，减轻危

介壳虫为害状

介壳虫危害枝条

害。

（2）化学药剂防治。若虫刚孵化并在枝干上扩散、转移，尚未形成蚧壳时，用25%亚胺硫磷乳油800倍液~1000倍液、或布索利巴尔400倍液~500倍液，或灭多威400倍液~500倍液，或50%甲基异柳磷乳油各1000倍液~1500倍液，或50%久效磷乳油2000倍液，或20%克螨蚧乳油2000倍液，或97%机油乳剂120倍液~180倍液，或70艾美乐水分散粒剂6000倍液均匀喷雾，都能收到良好效果。在若虫成熟期，有一种胶质覆盖物保护虫体吸收树汁为害。首先用塑料硬刷进行捣毁后，再用索利巴尔+“99”杀虫净喷布。5月和8月喷0.3度~0.5度石硫合剂；在被害枝干上用煤油涂擦。在冬季清园时喷洒波美3~5度的石流合剂。

（3）保护利用天敌。该虫在自然界中有很多种天敌，如：澳洲瓢虫、大红瓢虫、小红瓢虫等，可保护饲养，控制蚧类发生危害，且主要发生高峰期在5月至7月，因此于第1代若虫发生期用上述任何一种药剂喷施一次便可，既能收到良好的杀虫效果，又能较好地保护天敌。

花椒窄吉丁的防治

1.危害

花椒窄吉丁虫又名花椒小吉丁虫，以成虫取食叶片，幼虫蛀入三年生以上，或干径1.5厘米以上的花椒树的根茎、主干、主枝及侧枝的皮层下方，蛀食形成层和部分边材，随虫龄的增大，可逐渐潜入木质部内危害。由于虫道迂回曲折，盘旋于一处，充满虫粪，致使被害处的皮层和木质部分离，引起皮层干枯剥离，使花椒树长势衰弱，椒叶凋零，果实品质降低，严重者造成枝条干枯或整株枯死。

吉丁虫幼虫

2.防治方法

（1）人工防治。花椒整形修剪时，应及时清除濒于死亡的椒树及干枯枝条。花椒吉丁虫发生轻时，及时刮除新鲜胶疤或用小铁锤击打胶疤，消灭幼虫。用锋利刀具将流胶部位连同烂皮一同刮掉，刮至好皮边缘，然后涂抹一层腐必清保护剂。

（2）化学防治。花椒萌芽期或果实采收后，用50%甲胺磷乳油和柴油（或煤油）分别按1:50倍液、1:100倍液，在树干基部30~50厘米高处，涂1条宽3~5厘米的

吉丁虫幼虫为害状

吉丁虫为害后枝条死亡

吉丁虫为害后流胶状

药环，杀死侵入树干内的幼虫。或者当侵入皮层的幼虫少时，在收果实后用刀刮去胶疤及一层薄皮，用上述药剂加柴油或煤油1:1涂抹，以触杀幼虫。发生量大时，用上述药剂与煤油或柴油1:1:50涂抹，或80%敌敌畏乳油加水1:3涂抹。6月份幼虫孵化盛期，用40%乐斯本100倍进行树干喷雾。6月上中旬，用40%乐斯本50倍液对树干流胶处进行涂抹、在成虫出洞高峰期，可用50%敌敌畏乳油2000倍液，或50%乐果乳油1500倍液，或90%晶体敌百虫1000倍液~1500倍液，或2.5%敌杀死乳油2000倍液，或4.5%高宝乳油2500倍液均匀喷布，消灭成虫。

花椒瘿蚊的防治

1.危害

花椒波纹又名椒干瘿蚊，俗称气死泡，以幼虫危害花椒幼树或成龄树1~2年生枝条的嫩枝。椒树被害后，嫩枝因受刺激引起组织增生形成柱状虫瘿，随虫龄的增大被害部即出现密集的小颗瘤状突起，剥去皮层可见幼虫蜷伏于蜂巢状的瘿室内。椒树受害后不仅枝条生长受阻，而且常致使树势衰弱老化，同时很容易被大风吹折。

2.形态特征

成虫体小而纤细，黄色或灰黄色，密生细短毛，复眼黑褐色，互相合并，触角细长，14节，节间狭缩；前翅发达，有翅脉4条，翅面被细毛，有紫褐色闪光；足细长，灰褐色。雌虫腹末有一细长产卵器。幼虫粗壮，长2.4~3.2毫米，橘黄色。

3.防治方法

（1）人工防治。在冬季和春季4月以前，结合椒树修建，剪去虫瘿枝集中烧毁，并用索利巴尔抹剪口消毒，连续进行2~3年就能控制发生，减轻危害。6月下旬7月上旬剪去被害枝梢。

（2）化学防治。5~6月成虫发生盛期，在树冠上喷洒80%敌敌畏乳油、50%辛硫磷乳油1000倍液，或20%杀灭菊酯乳油3000倍液，或4.5%高保乳油2500倍液，或2.5保得乳油2500倍液，消灭成虫。在有虫瘿枝条四周纵向刻道，用棉花蘸上强力灭牛灵原液在颗瘤上点搽，毒杀幼虫。

（3）生物防治

注意保护天敌，利用瘿蚊齿小蜂防治瘿蚊幼虫，可控制发生，减轻危害。

花椒瘿蚊为害状

花椒斑衣蜡蝉的防治

1. 分布与危害

斑衣蜡蝉俗称樗鸡、春姑娘、花姑娘等，成虫、若虫刺吸寄主植物汁液，致使叶片萎缩、枝条畸形，并分泌露状排泄物，招致霉菌发生，使树皮易破裂，从而造成病菌的侵入，导致椒树枯死。

2. 形态特征

成虫体长14~22毫米，翅展40~52毫米。头部小，淡褐色，复眼黑色；触角生在复眼下方，红色，歪锥状。前翅革质，长卵形，基半部淡褐色，上布黑斑10~20个，端半部黑色，脉纹白色，后翅膜质，扇形，基部鲜红色，有黑斑6~8个，端部黑色，在红色于黑色区域间，有白色横带，脉纹黑色。若虫5龄。1龄若虫初孵时白色，后转灰色，最后成黑色，体背有白色蜡粉组成的斑点，触角黑色，足黑色。2龄若虫体形似1龄若虫。3龄若虫体形似2龄若虫，白色斑点显著，头部长于2龄若虫。4龄若虫体背淡红色，头部、触角两侧及复眼基部黑色，翅芽明显，足黑色，布有白色斑点。

3. 防治方法

（1）人工防治。8月中下旬组织人力用木棍挤压卵块灭卵或人工剪除卵块，集中一起烧毁或深埋。

（2）化学防治。若虫孵化期间，选用80%敌敌畏乳油、40%水胺硫磷乳油、50%马拉松乳油，或50%杀螟松乳油1000倍液~1500倍液喷雾。

（3）保护天敌。剪除卵块，保护利用天敌，尽量减少使用化学农药。

斑衣蜡蝉成虫

斑衣蜡蝉若虫

花椒蚜虫的防治

1.危害

主要有棉蚜和桔蚜两种。

棉蚜又名花椒蚜，俗称蜜虫、腻虫、油旱、旱虫等，是世界性害虫，以若虫群集花椒新生嫩梢、叶片及果实上吸食汁液，被害部位扭曲变形，果实及叶片脱落，影响椒树生长发育，产量降低，品质变劣。

桔蚜俗称旱虫、腻虫、蜜虫等，以成虫和若虫刺吸嫩叶、嫩梢汁液，被害叶多皱缩卷曲，并危害花器、幼果，严重者引起脱落。同时，排泄蜜露引起煤污病发生。

2.防治方法

（1）生物防治。我国利用瓢虫、草青蛉等治蚜已收到很好效果。在椒园中恒定保持瓢虫与蚜虫1:200左右的比例，便可不用药，利用瓢虫控制蚜虫。

（2）化学防治。4月间于蚜虫发生初期和花椒采收后，用25%唑蚜威乳油1500倍液~2000倍液，或80%敌敌畏乳油2000倍液~3000倍液，或20%杀灭菌酯乳油3000倍液~3500倍液，或24.5%艾福丁乳油1500倍液~2000倍液，或1.45%捕快可湿性粉剂800倍液~1000倍液，或20%好年冬乳油1000倍液~1500倍液，或4.5%高宝乳油2500倍液，或艾美乐水分散粒剂10000倍液~15000倍液均匀喷雾，或50%辛硫磷乳油1000倍液~1500倍液，或菊脂娄药荆2000倍

棉蚜为害状

桔蚜为害状

液，进行交替喷洒，花椒谢花后喷施40%乐果1000倍液~1500倍液，严重时8天左右再喷施1次，在休眠期喷3~5度的石硫合剂。

4月下旬至5月中旬树干蚜母出现后，使用辣椒醋酸液防治，此种土农药对尺蠖、红蜘蛛和其他害虫均有杀伤力。在显蕾开花期喷1~2次药．果实膨大期视蚜虫多少喷2~3次药，喷药要细致，每年喷药4~5次，防蚜效果可达98%左右，保果率可达95%以上。

5~6月间选用10%吡虫啉可湿性粉剂3000倍液，或20%灭扫利乳油3000倍液，或2.5%功夫乳油3000倍液，或50%避蚜雾1000倍液等进行喷雾，可有效控制危害。

花椒萌芽期或果实采收后，用50%甲胺磷乳油和柴油分别按1:5倍，在树干30~50厘米高处涂1条3~5厘米的药环，治蚜效果较好。

在蚜虫盛发初期，每亩用10%吡虫灵10克，或5%蚜虱净20毫升喷雾防治。25%追命可湿粉4克，或10%千红可湿粉10克对水15千克防治。

花椒蜗牛的防治

蜗牛啃食花椒叶片

蜗牛啃食花椒枝干

1. 主要种类及危害

主要有扩展大脐蜗牛、条纹巴蜗牛等。主要啃食幼嫩皮层，甚至部分老树皮，致使伤口难以愈合，木质部外露而干枯，树势衰退，枝干老化，影响花椒的正常生长，造成花椒减产，严重时甚至造成椒树死亡。

2. 防治方法

（1）人工防治。利用蜗牛喜阴暗潮湿、畏光怕热、雨后大量活动的习性，雨后及时松土除草，破坏其栖息环境，并及时捡除树干及地上蜗牛。集中处理。

（2）化学防治。在蜗牛初发期，使用“6% 蜗克星”每亩250~550克撒施。或树冠下喷洒5波美度石硫合剂防治。

粉碎棉籽饼，加水湿润，拌入30% 除蜗净可湿性粉剂（40∶1）制成毒饵，傍晚撒施树冠下毒杀。

蜗牛严重为害状

花椒地下害虫的防治

1. 种类与危害

花椒地下害虫有：小云斑鳃金龟（又叫小云斑金龟子、褐须金龟子，幼虫称蛴螬）、华北大黑鳃金龟（又叫华北大黑金龟子，幼虫俗名蛴螬）、铜绿丽金龟（又叫铜绿金龟子）、小青花金龟、小地老虎（俗称黑蛆、切根虫等）、黄地老虎、细胸金针虫（又叫细胸叩头甲，俗称节节虫）等。其中主要危害的有：

东方蝼蛄成虫、若虫均在土中活动，取食播下的种子、幼芽或将幼苗咬断致死，受害的根部呈乱麻状。

小地老虎属广布性种类，能危害百余种植物，是对农、林木幼苗危害很大的地下害虫，在西北危害油松、花椒、核桃、沙枣等苗木。轻则造成缺苗断垄，重则毁种重播。

2. 形态特征

东方蝼蛄：成虫体长30~35毫米，灰褐色，全身密布细毛。头圆锥形，触角丝状。前胸背板卵圆形，中间具一暗红色长心脏形凹陷斑。前翅灰褐色，较短，仅达腹部中部。后翅扇形，较长，超过腹部末端。腹末具1对尾须。前足为开掘足，后足胫节背面内侧有4个距。

东方蝼蛄成虫

东方蝼蛄若虫

小地老虎成虫

小地老虎幼虫

小地老虎：成虫体长17~23毫米、翅展40~54毫米。头、胸部背面暗褐色，足褐色。前翅褐色，前缘区黑褐色，外缘以内多暗褐色；后翅灰白色，纵脉及缘线褐色，腹部背面灰色。幼虫圆筒形，老熟幼虫体长37~50毫米、宽5~6毫米。头部褐色，具黑褐色不规则网纹；体灰褐至暗褐色，体表粗糙、布大小不一而彼此分离的颗粒；胸足与腹足黄褐色。

3.防治方法

（1）农业防治。早春清除苗圃及周围杂草。精耕细作，深耕多耙，施用充分腐熟的农家肥，有条件的地区实行水旱轮作，人工捕捉。

（2）物理防治。在田间挖30厘米见方，深约20厘米的坑，内堆湿润马粪并盖草，每天清晨捕杀蝼蛄。用黑光灯诱杀成虫。采用糖醋液、发酵变酸的水果、甘薯、毒饵、新鲜泡桐叶等诱杀小地老虎成虫或幼虫。

（3）化学防治。将豆饼或麦麸5千克炒香，或秕谷5千克煮熟晾至半干，再用90%晶体敌百虫150克兑水将毒饵拌潮，每亩用毒饵1.5~2.5千克撒在地里或苗床上。

关键是抓好小地老虎第1代幼虫1~3龄期的防控，可选用灭幼脲3号、速灭杀丁、辛硫磷等多种杀虫剂防治。

花椒流胶病的防治

1. 种类及危害症状

（1）侵染性流胶病。花椒流胶病由真菌引起，一年生嫩枝染病后当年形成瘤状突起，下年5月病斑扩大，病体开裂溢出树脂，起初为无色半透明软胶，以后变为茶褐色结晶状。多年生枝染病，会产生水泡状隆起并有树胶流出。随着病菌的侵害，受害部位坏死，导致枝干枯死。这种病以菌丝体和孢子器在病枝里越冬，翌年3月下旬至4月中旬产生孢子，随风雨传播。雨天溢出的树胶中有大量病菌随枝流下，导致根茎受浸染，气温5℃时病部渗出胶液，随气温升高而加速蔓延，一年有两次高峰，第1次5~6月，第二次8~9月。

（2）非浸染性流胶病。由于机械损伤、虫害、伤害、冻害等伤口流胶和管理不当引起的生理失调，发生流胶。本病多发生在主干和大枝的分叉处，小枝发生少。大枝发病后，病部稍膨胀，早春树液流动时，常从病部流出半透明黄色树胶，雨后流胶量

花椒侵染性流胶病

多。病部容易被腐菌浸染，使皮层和木质部腐烂，致使树势衰弱。一般4~10月发生，以7~10月雨水多，湿度大和通风透光不良的花椒园发病重，树势弱、土壤黏重、氮肥过多的地块、花椒凤蝶、天牛、花椒叶甲、吉丁虫危害重的田块发病重。

2.防治方法

(1)物理防治。冬季清理花椒园应彻底，将病虫枝叶集中烧毁或深埋。对树盘、根茎周围的表土要及时更换，可减少根茎病虫害的发生。

(2)药物防治。早春和秋末各喷1次5波美度石硫合剂或1:1:100等量式波尔多液，防治越冬病害；入冬前树干涂白，防止冻害。

用有效成分为2%椒喜啶虫咪1毫升，进行虫孔注射毒杀天牛幼虫，并用腐酸·硫酸铜涂抹伤口，既能杀死天牛幼虫，又能防止花椒流胶病的发生。

天牛危害后流胶

花椒腐烂病的防治

花椒根腐病为害状

花椒干腐病危害初期

1. 种类及危害症状

花椒腐烂病包括花椒根腐病和花椒干腐病两种。

花椒根腐病是由腐皮镰孢菌引起的一种土传病害。受害植株根部变色腐烂，有异臭味，根皮与木质部脱离，木质部呈黑色，发病严重时整株死亡。幼、中、老树都有可能发此病。

花椒干腐病枝干部位多有发生，初期树皮出现暗褐或黑褐色、湿润、不规整的病斑，可沿树干一侧向上扩展，边缘有裂缝，未显病部位显现铁锈色。病部可溢出茶褐色黏液，有霉菌味，后失水成干斑。病部环缢枝干即造成枯枝。病皮上密生小黑粒点。

2. 防治方法

（1）农业防治。合理调整布局，改良排水不畅，环境阴湿的椒园，使其通风干燥。改变对花椒园的传统粗放经营方式，加强管理，施好肥，及时修剪，清除带病枝条。及时挖除病死根，死树，并烧毁，消除病染源。

（2）药剂防治。做好苗期管理，严选苗圃，高床深沟，重施基肥，并以15%粉锈宁500倍液~800倍液消毒土壤。发现病苗，及时拔除，减少花椒根腐病病源。

移苗时用50%甲基托布津500倍液浸根24小时。栽植后用甲基托布津500倍液~800倍液，或15%粉锈宁500倍液~800倍液灌根。

4月用15%粉锈宁300倍液~800倍液灌根成年树，能有效阻止花椒根腐病发病。夏季灌根能减缓发病的严重程度，冬季灌根能减少病原菌的越冬结构。

对花椒干腐病发病较轻的大枝干上的病斑，可刮除病斑，并在伤口处涂抹治腐灵或石灰乳。每年3~4月间，及采收花椒果实后，用50%甲基托布津可湿性粉剂500倍液，喷布树干2~3次，防治花椒干腐病。

花椒干腐病危害后期

花椒黑胫病的防治

1.危害症状

花椒黑胫病，俗称花椒流胶病，对花椒幼苗、幼龄椒树和老龄椒树都能侵染发病，致使椒树流胶，生长不良，造成花椒减产，甚至整株死亡。患病椒树所结花椒果实，颜色土红，做调料食用无味，致使品质降低，失去经济价值。该病主要发生在根茎部，根茎感病后，初期出现浅褐色水浸状病斑，病斑微凹陷，有黄褐色胶质流出。以后病部缢缩，变为黑褐色，皮层紧贴木质部。根茎基部被害病斑环切（围绕茎一周）后，椒叶发黄，病部和病部以上枝干多处产生纵向裂口，裂口长几毫米到七八厘米不等，也有从裂口处流出黄褐色胶汁，胶汁干后成胶，严重时植株逐渐枯死。

2.防治方法

（1）加强抚育管理。该病一般发生在水浇地和多雨地区，应注意生态环境的管理，要合理灌水，禁止大水漫灌，雨后及时排水，减少病菌传播蔓延。

（2）嫁接防病。利用椒树不同品种间显著的抗病性差异，采用高抗品种八月椒或七月椒等耐病品种做砧木，以梅花椒、大红袍等品质好而高度感病的品种做接穗，进行高位芽接或枝接，在防治黑胫病

花椒黑胫病为害状

花椒黑胫病严重为害状

上可收到显著效果。

（3）药剂保护。对感病品种，定植前用40%乙磷铝可湿性粉剂20倍液，或70%代森锰锌可湿性粉剂30倍液，或50%瑞毒铜粉剂30倍液浸根茎后定植。对已定植好的大、小椒树，分别于3月初和6月初，用50%瑞毒铜粉剂200倍液各灌根1次，然后覆土。此外，在发病初期喷洒60%百菌通可湿性粉剂500倍液，或32.5%梨黄金可湿性粉剂600倍液，或50%卡笨得可湿性粉剂700倍液。

（4）刮治。用刀刮除病斑后，涂抹维生素B_6软膏，或熟猪油15~20克，或托福油膏，治愈效果较好。

花椒黑胫病病毁园

花椒枝枯病的防治

1.危害症状

花椒枝枯病，俗称枯枝病、枯萎病，危害花椒枝条，引起枝枯，后期干缩。该病常发生于大枝基部、小枝分杈处或幼树主杆上。发病初期病斑不甚明显，随着病情的发展，病斑为灰褐色至黑褐色椭圆形，以后逐渐扩展为长条形。病斑环切枝干一周时，则引起上部枝条枯萎，后期干缩枯死，秋季其上生黑色小突起，顶破表皮而外露。病菌以分生孢子器在病组织内越冬。椒园管理不善，树势衰弱，或枝条失水收缩，冬季低温冻伤，地势低洼，土壤黏重，排水不良，通风不好，均易诱发此病发生危害。

2.防治方法

（1）加强管理。在椒树生长季节，及时灌水，合理施肥，增强树势；合理修剪，减少伤口，清除病枝，都能减轻病害发生。

（2）涂白保护。秋末冬初，用生石灰2.5千克，食盐1.25千克，硫黄粉0.75千克，水胶0.1千克，加水20千克，配成涂白剂，粉刷椒树枝干，避免冻害，减少发病机会。

（3）刮治病斑。对初期产生的病斑，用刀进行刮除，病斑刮除后涂抹50倍砷平液，或托福油膏，或1%等量式波尔多液。

（4）喷药防治。深秋或翌春椒树发芽前，喷洒波美5度石硫合剂，或45%晶体石硫合剂150倍液，或50%福美砷可湿性粉剂500倍液，对防治花椒枝枯病均有良好效果。发病期间用800倍医霉轮腐康喷雾，在发病初期喷药2~3次。

花椒枝枯病为害状

花椒枝枯病受害植株

花椒冻害的防治

1. 危害症状

花椒冻害是一种多发生在我国北方地区的非侵染性生理病害，发生的原因主要是绝对温度过低，或低温持续时间过长，或遇到强寒冷的侵袭。因生长不充实，越冬准备不充分，地形地势有较大的影响，树龄大小也有很大的关系。主要危害花椒幼树、成年椒树的枝干、枝条和花芽，削弱树势，降低坐果率，严重者造成枝干、枝条枯死。主要发生在冬季温度变化剧烈，绝对温度过低，且持续时间较长的年份。枝干冻害发生后，生长不充分的枝条极易受冻，轻者皮层变褐色，重者变褐深达木质部及髓部，后干缩枯死。多年生枝条常表现局部受冻，树皮常发生纵裂，冻害部分皮层下陷，表皮变为深褐色，轻者伤口还能愈合，严重者裂缝宽，露出木质部不易愈合，且裂皮翘起向外翻卷，被害树皮容易剥落，严重时1~2年生枝条大量枯死。花芽冻害主要是花器受冻，轻微冻害，由于花芽数量多，对产量影响不大，严重时，每果穗粒数显著减少。一般多发生在春季回暖早，而又复寒(倒春寒)的年份。

2. 防治方法

(1)选育抗寒品种。要因地制宜选用当地抗寒品种或采用高接换种，高接当地

花椒冻害为害状

冻害受害椒园

抗寒性能强的花椒品种，提高抗寒能力。

(2)农业防治。应加强垂直西北风向的防护林建设，充分利用小气候的优势，减轻冻害发生程度。在易发生冻害的地区，合理施肥、灌水，使树体多积累养分，增强抗寒能力。冬前在椒树茎干基部培土、树干涂白剂涂抹或包裹草把，均可减轻冻害发生。

(3)灌水与熏烟。霜冻前，在风头堆草或禾秆，点燃熏烟，可减轻霜冻危害，凌晨点燃效果更好。早春寒流侵袭前浇水，也可减轻受冻。

(4)使用植物生长调节剂。用25%抑芽敏乳油500倍液~600倍液、85%比久可溶性粉剂50克加水25千克，或氨基酸800倍液~1000倍液，在萌芽前进行喷雾，可抑制芽萌动，晚发芽7天左右。

(5)灾后管理。若椒树已产生冻害裂皮后，伤口应及时涂抹1:1:100波尔多液，或托福油膏或843康复剂，或50倍砷平液(40%福美砷、平平加、水铵1:1:20)，以防止病菌侵染。此外，应及时用0.3%的磷酸二氢钾树冠喷洒，以利受害椒树尽快恢复树势。